数学者の選ぶ
「とっておきの数学」

数学セミナー編集部●編

日本評論社

はじめに

数学を学んでいると,「この数学がとても好き」「この数学は性に合う」という対象に出会うかも知れません.このような主観的な感覚は,客観性が重んじられると思われている数学においても重要で,美的感覚や好奇心が学習や研究のモチベーションにつながることもあります.また,ほかの人の感覚を見聞きすることを通して数学の新たな魅力を発見することもあるでしょう.

月刊誌『数学セミナー』(日本評論社)では,過去に,数学の周辺分野で活躍する研究者がイチオシする数学を選び紹介する

- 私の選ぶとっておきの数式(2016 年 9 月号)
- 私の好きな予想(2020 年 11 月号)
- 私の選ぶ「推し図形」(2022 年 11 月号)

という 3 つの特集を行ってきました.本書では「とっておきの数学」と冠してこれらを 1 冊にまとめました.各分野の総勢 37 人の研究者が,お気に入りの数学を紹介します.この本を出発点に,あなたの「推し」をぜひ見つけてみてください.

2023 年 8 月

数学セミナー編集部

目次

第2部

第3部

私の選ぶ「好きな予想」

第1部

私の選ぶ「推し図形」

C3CPグラフのハミルトン性

藤沢 潤
●慶應義塾大学商学部

今回紹介する私の推し図形は3-正則3-連結平面グラフ，略して“C3CPグラフ”です[1]．私はC3CPグラフに関するいくつかの問題を扱ってきた中で，ある問題では一見簡単そうなのにいくら押しても解けなかったり，またほかの問題ではシンプルな証明ながらとてもきれいな性質が得られたり，とC3CPグラフのさまざまな面を見てきました．そんな「ツンデレ」なC3CPグラフは，いつも私の心のどこかに引っ掛かる存在になっています．本稿ではC3CPグラフの持つ性質について，ハミルトン性という観点からご紹介したいと思います．

まず，用語の定義から始めます．いくつかの点(頂点)と，それらを結ぶ辺からなる図形を**グラフ**と呼びます[2]．グラフが平面上に辺の交差なく描かれているとき，そのグラフを**平面グラフ**と呼びます．また，グラフGのどの頂点にもちょうどr本の辺が接続しているとき，Gは$\boldsymbol{r}$**-正則**であると言います．

グラフの各頂点をコンピュータネットワークの端末とし，各辺を2つの端末を結ぶ通信回線とすることで，グラフをネットワークに見立てて考えましょう．2つの端末a, bが辺で結ばれていなくても，グラフの辺と頂点を辿ることでaからbに行きつく経路があればaとbは通信可能ですが，途中で経由する端末が故障してしまった場合，そのような経路が失われてしまい，通信が不可能になってしまうかも知れません．どの$k-1$個の端末が故障してもネットワーク

1）C3CP = Cubic 3-Connected Planar.
2）本稿では単純グラフのみを扱う．

が分断されない(＝故障していないどの2つの端末間も通信が可能である)とき，そのグラフは**k-連結**であると呼びます．図1のグラフ G_1 において，どの1つの端末が故障してもほかの2つの端末間で通信可能なので G_1 は2-連結となりますが，端末 x, y が故障した場合に端末 a, b 間で通信ができなくなるので，G_1 は3-連結ではありません．

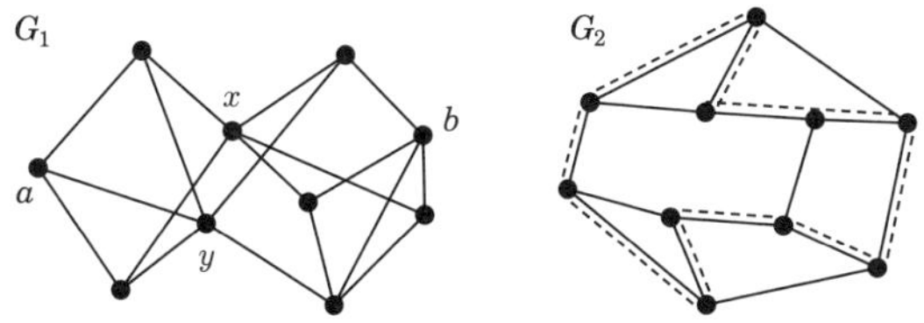

図1　3-連結でないグラフ G_1 と，C3CP グラフ G_2

以上の定義より，C3CP グラフは平面に辺の交差なく描かれていて，各頂点にちょうど3本の辺が接続し，2つの端末の故障で分断されないネットワークを表すグラフということになります(図1の G_2)．また，グラフ G において，ある頂点から出発して，いくつかの頂点をちょうど1度だけ通りもとの点に戻ってくる経路のことを**サイクル**と呼びます．さらに，すべての頂点を通るサイクルを**ハミルトンサイクル**と呼びます(図1の G_2 の点線)．

C3CP グラフのハミルトン性(＝ハミルトンサイクルを持つか否か)を論じる際，次の予想は避けて通れないと言ってよいほど有名です．

予想1(テイト，1884)　C3CP グラフはハミルトンサイクルを持つ．

テイト予想は，正しければ四色問題が肯定的に解決されるという点で非常に重要だったのですが，1946年にタットによって反例が発見されました(タットグラフ，次ページ図2)．その後，タットグラフより頂点数の少ないテイト予想の反例がいくつか見つかり，1971年にバーネット，ボサーク，レーダーバーグによって得られた38頂点のグラフ(次ページ図3)が頂点数の最も少ないテイト予想の反例であることが1988年にホルトンとマッケイにより示されました．

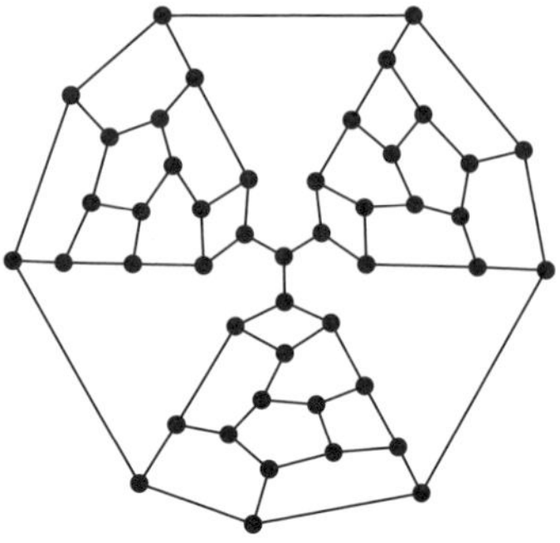

図 2　タットグラフ

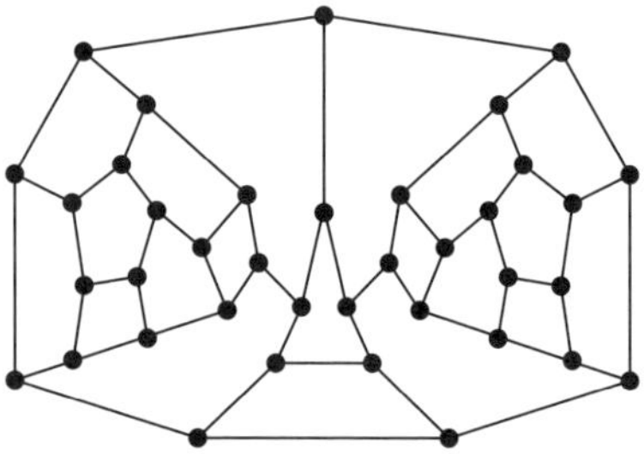

図 3　バーネット-ボサーク-レーダーバーググラフ

つまり，36 頂点以下の C3CP グラフはすべてハミルトンサイクルを持つということになります[3)]．

グラフ G において，G の各頂点を白・黒のいずれかの色で塗って「どの辺も白い頂点と黒い頂点を結ぶ」ようにできるとき，そのグラフを 2 部グラフと呼びます．1985 年のホルトンらの結果と 2002 年のアルドレッドらの結果によって，次の予想は 84 頂点以下のグラフにおいて正しいことが明らかになっていますが，それより大きいグラフで正しいか否かは現在でも未解決となっています．

3）握手補題により，C3CP グラフの頂点数は必ず偶数になる．

予想 2（バーネット，1969）　2部グラフであるC3CPグラフはハミルトンサイクルを持つ．

タットは，予想2は平面グラフに限定しなくても成り立つのではと考えました[4]．

予想 3（タット，1971）　3-連結3-正則2部グラフはハミルトンサイクルを持つ．

しかしながら，予想3には反例があることが示されています．最初の反例は92頂点のグラフで，ホルトンによって1982年に得られました．その後，50頂点の反例（図4）がジョージとケルマンズによって独立に示され[5]，それが最小の反例であることが2022年のブリンクマンらの論文で明らかになっています．

どの面の大きさ（＝面を囲むサイクルの辺の数）も $p_1, p_2, \cdots, p_k$ のいずれかであるようなC3CPグラフの集合を $\mathcal{G}(p_1, p_2, \cdots, p_k)$ と表すことにします．バーネットは1969年に以下の予想も提起しました[6]．

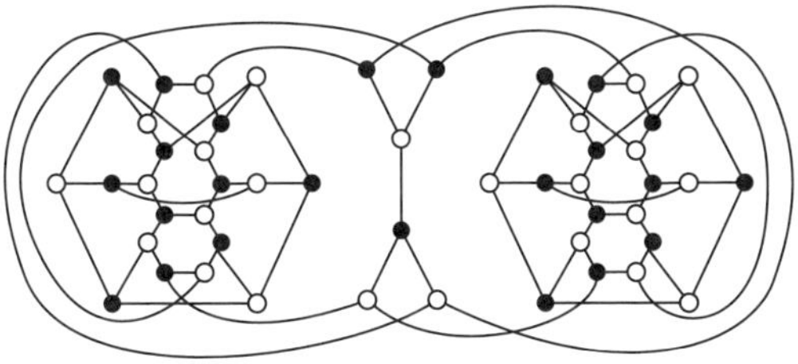

図4　ジョージ-ケルマンズグラフ

4）正確には "it is tempting to conjecture that …" と書かれているが，多くの文献でタットの予想として引用されている．

5）いずれも1986年に投稿された論文．

6）グディーの1977年の論文でも独立に予想されている．

予想 4（バーネット，1969）　$G \in \mathcal{G}(3,4,5,6)$ ならば G はハミルトンサイクルを持つ．

また，グルンバームとザックスは 1974 年の論文で以下の問題を提起しています．

問題 5　ある 2 つの整数 p_1, p_2 に対して $G \in \mathcal{G}(p_1, p_2)$ ならば G は必ずハミルトンサイクルを持つと言えるか？

これらの問題に関して，グディーは 1975 年の論文で $\mathcal{G}(4,6)$ に含まれるグラフについて，また 1977 年の論文で $\mathcal{G}(3,6)$ に含まれるグラフについて，いずれも必ずハミルトンサイクルを持つことを示しました．$G \in \mathcal{G}(4,6)$ ならば G は 2 部グラフとなるので，前者は予想 2 の部分的解決にもなっています．一方，ザックスは 1980 年に $G \in \mathcal{G}(5,p)$ でハミルトンサイクルを持たないグラフ G を任意の $p \geqq 11$ について与えています．

フラーレンと呼ばれる炭素の同素体との関連から，$\mathcal{G}(5,6)$ に含まれるグラフはフラーレングラフと呼ばれます（図 5）．フラーレングラフが必ずハミルトンサイクルを持つか否かについては特に多くの注目を浴び，関連する研究がな

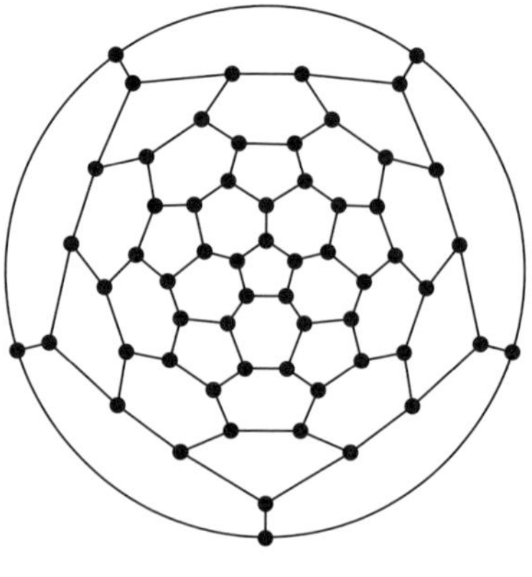

図 5　フラーレングラフの例

されてきました．例えば，n 頂点のフラーレングラフにおける多くの頂点を通るサイクルに関して，$4n/5$ 点以上を通るもの（ジェンドロール-オーエン，1995），$5n/6-2/3$ 点以上を通るもの（クラルら，2009），$6n/7+2/7$ 点以上を通るもの（アーマンら，2009）の存在が示されました．

このような段階的な進展を経た後，2020年にカルドスによって予想4が肯定的に解決されました．したがって，任意のフラーレングラフがハミルトンサイクルを持つことが明らかになり，またオイラーの多面体定理により問題5の $p_1, p_2 \leqq 6$ の場合が解決したことになります．しかしながら，カルドスの証明は計算機を用いたものとなっており，計算機を用いない証明は未だに知られていません．

以上で述べた通り，図2〜4はハミルトンサイクルを持たないグラフ，図5はハミルトンサイクルを持つグラフとなっています．興味を持たれた方は，これらのグラフがハミルトンサイクルを持たない（持つ）理由についてぜひ考えてみてください．

参考文献

［1］G. Brinkmann, J. Goedgebeur, B. D. McKay, The minimality of the Georges-Kelmans graph. *Math. Comp.*, **91** (2022), no. 335, 1483-1500.

［2］B. Grünbaum and J. Zaks, The existence of certain planar maps. *Discrete math.*, **10** (1974), 93-115.

［3］F. Kardoš, A computer-assisted proof of the Barnette-Goodey conjecture: not only fullerene graphs are Hamiltonian. *SIAM J. Discrete Math.*, **34** (2020), no. 1, 62-100.

［4］K. Knauer and P. Valicov, Cuts in matchings of 3-connected cubic graphs. *European J. Combin.*, **76** (2019), 27-36.

［5］J. Zaks, Non-Hamiltonian simple 3-polytopes having just two types of faces. *Discrete math.*, **29** (1980), 87-101.

正八面体が好きだ

前川 淳
●折り紙作家

二色の地図

2010年代,『数学セミナー』で折り紙に関する連載をしていたさい，4年間48回の中で5回，正八面体に関するモデルをとりあげた．数多い多面体の中で立方体に次ぐ回数であった．連載中には「正八面体が好きだ」と告白(?)をして，その説明として『The Discovery of the Regular Solids』(William C. Waterhouse, 1972)という数学史の論文を参照した．この論文は，正八面体という立体は古くから認識されていたのにもかかわらず，それが特別なものであるとされたのは，正多面体という概念の成立後のことであると述べる．いわば，地味だった正八面体が再発見されたという歴史だ．わたしはそこに，「代表野球チームに選ばれた守備固めの選手」「舞踏会に紛れ込んだ庶民の娘」のような正八面体の魅力を見た．

あわせて，正八面体という立体が，別のタイプの立体に属するものと見ることができるのも面白い，とも述べた．側面が正三角形からなるアルキメデスの反角柱の中の正反三角柱であること(次ページ図1上段)，そして，立方八面体，二十・十二面体という，準正多面体の系列に連なる立体である(図1中段)という二点である．後者は，正三角形の頂点をつないで対称的に立体化するさい，その空隙を，それぞれ正三角形，正方形，正五角形とすることができ，それが正三角形の場合が正八面体であるということだ．5個の正多面体と13個のアルキメデスの多面体(半正多面体)の中で，二色で塗り分けが可能な多面体は，

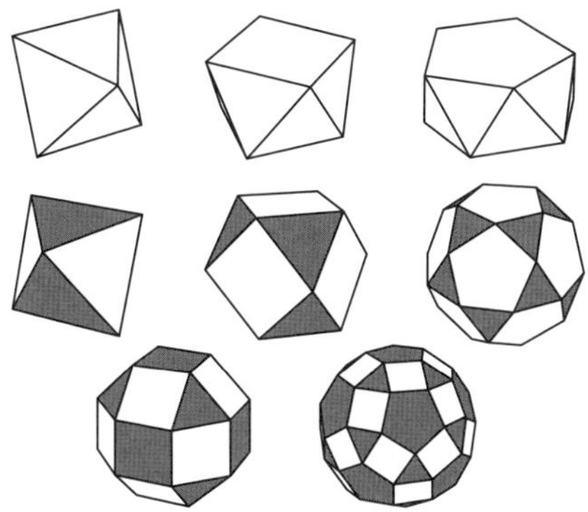

図1　正反角柱(上段)と，二色で塗り分けが可能な多面体

このほかに二つ(図1下段)だけである．

白黒つけたい性格だからというのではないが，わたしは二色の塗り分けということにも惹かれている．美術作品の中でも，モノクロの版画が好きだが，折り紙も二色の塗り分けと関係が深い．多面体の二色の塗り分けと，折り紙の展開図の二色問題の関係は弱いものだが，後者は次のようなことだ．平坦に畳まれた紙は，紙の裏が上を向くか表が上を向くかのどちらかなので，折り目で区切られた領域が描く地図は二色で塗り分けが可能になる．折り紙における造形は必ずしも平坦ではないが，平坦から平坦への変形は折り紙の基本であり，その場合は展開図が二色に塗り分けられるのである．

正八面体は三次元の象徴

二色の地図ということを述べたが，正八面体が象徴する数字は3であると思っている．これは，面が正三角形であるからではなく，それが三次元空間を象徴していると考えられるからだ．

折り紙で新しい造形を生み出すのに先立ち，こんな図形が面白いのではないかとあれこれ考え，手描きで図を描いたり，紙を手にしたりするさい，それが立体である場合，縦横高さのデカルト座標を強く意識することになる．図を描く参考にCGを援用することもあるが，そのさい，数式を可視化するソフトウェアを使っているので，その意識はより強くなる．頭の中に座標というものが染みついているのだ．「染みついている」というのは，ややネガティブな表現で，わたしのつくるユニット折り紙作品(複数のモジュールを組み合わせる作品)に6個組みが多いのも，そのためかもしれず，直交の構造から自由になる必要もあるとは思うのだが，一見そうは見えない造形に直交している構造を見つけるという面白さには強く惹かれている．正二十・十二面体の対称性を持つ立体を折り紙作品として構成した場合も，それを直交構造と捉えることが多かった(図2)．

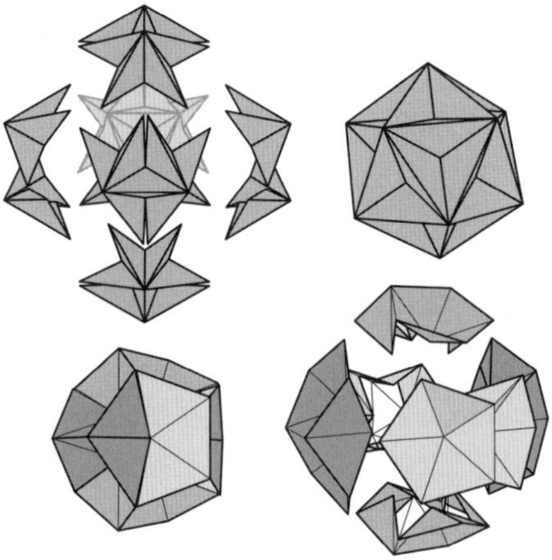

図2　正二十・十二面体対称の立体を直交構造で捉えて作品にしたもの(『折る幾何学』(2016，前川)より)

そのように直交座標を思い浮かべるときのことをあらためて自己分析してみると，それに対応する立体として，わたしの頭の中には，立方体よりも正八面体があった．三つの正方形を交差させた正八面体の骨格(次ページ図3)，あるいは「正六頂体」でもある正八面体を象徴図形にして三次元空間を認識しているのだ．

そういえば，折り紙の次元を一つあげた四次元折り紙というものを宮崎興二氏が示したさいも，折り紙の開始図形である正方形の三次元化として，立方体

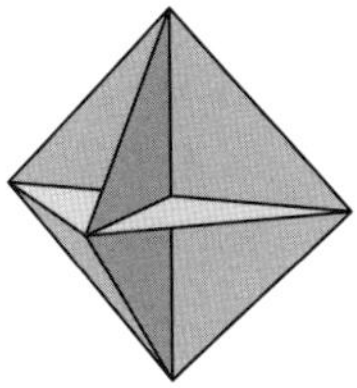

図３　直交する三つの正方形による正八面体の「骨格」

だけではなく正八面体が用いられていた．もともと立方体と正八面体は双対の関係にあって互いの分身のようなものだが，正八面体のほうが正方形の立体化として扱いやすい場合がある．宮崎氏の考案した，正八面体による四次元版の熨斗《のし》は，折り込む頂点が二つでよいのかといった疑問はあるものの，造形として秀逸で忘れがたいものだった．

以上の話に関連して，解析幾何と補助線についても述べておきたい．補助線の妙といったものがある初等幾何には，図形を図形のまま認識するような感覚があり，それによる解法は，解析的な解法よりもエレガントに感じることは多い．しかし，解析的な考察は，遠回りに見えて，初等幾何的なアプローチよりも頭が整理されることになって応用が効く．これは多くのひとの実感だろう．

ただ，解析幾何においても，座標や式をどうとるかによって扱いやすさは異なる．幾何の問題を解いたり，図形を認識するさい，よい視点を見つけることの重要さは，初等幾何でも解析幾何でも変わらない．その意味で，解析幾何にも補助線の妙のようなものはある．さらにいえば，座標という考えかた自体が，最も実りの多い補助線，デカルトやライプニッツからの贈り物なのではないか，と思う．

幾何的な造形美術には，隠れた秩序を発見する，ある種の補助線探しのたのしさがある．その探知機として，わたしの正八面体への愛着，別名「デカルトの呪縛」は解けそうもない．三次元の直交構造を視点にすることで見える立体の魅力は，まだまだ汲み尽くせてはいないからだ．

向き付けされた超立方体

前原悠究
●九州大学マス・フォア・インダストリ研究所

超立方体

超立方体という概念をご存じでしょうか．点，線分，正方形，立方体，と続く構造たちの総称です．4 次元の超立方体を描いた，下のような図を見たことがある方も多いかもしれません．図 1 が私の推し図形というわけではないのですが，まずこの図の見方を説明しておきましょう．

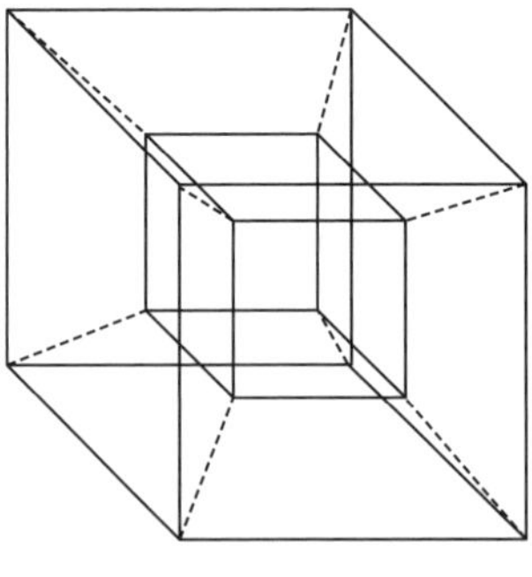

図 1　4 次元超立方体

線分は直線上の **2 点**によって囲まれた部分として得られます．1 つ次元を上げると，**正方形**は平面上の上下左右 **4 本の線分**によって囲まれた部分として得られます．そして**立方体**は，空間内の上下左右前後 **6 つの正方形**によって囲まれた部分として得られます．

このパターンに則って考えると，4次元空間の中に上下左右前後プラス4次元目にズラして**8つの立方体**を配置すれば，**4次元超立方体**はそれらによって囲まれた部分として得られるはずです．これら8つの立方体が，図1の実線で描かれた大小2つの立方体と，それらを繋ぐ6つの立方体[1]に対応しています．

なお4次元的な構造を無理やり2次元的に描いているのでいろいろと歪んで見えていますが，これら8つの立方体はすべて互いに合同です．

向き付け

私が専門としている高次圏論には，**向き付けされた n 次元超立方体**をベースにしたGray tensor（グレイテンソル）と呼ばれる操作があります．なおここで言う向き付けは多様体の文脈で出てくるものとは少し違い，例えば $n = 2, 3$ の場合は図2のようなものを指します．

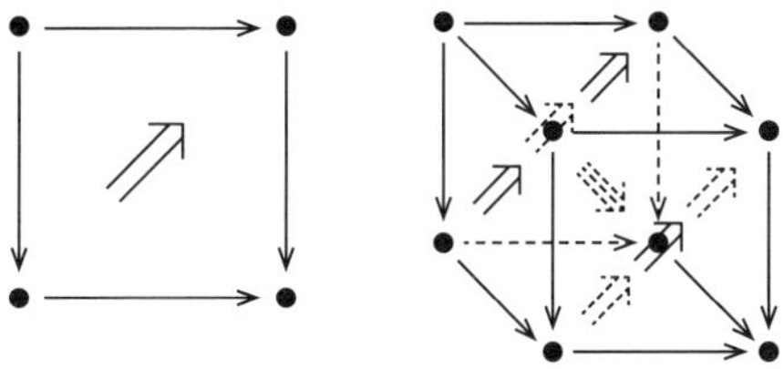

図2　（左）$n = 2$，（右）$n = 3$

これらの図の中では k 本線の矢印が k 次元の構造に対応しており，例えば辺の向き付けは“→”，面の向き付けは“⇒”で表されています．

気になる方のために，向き付けの厳密なルールを説明しておきます．単位区間 $[0, 1]$ の n 乗を考えているわけですが，この空間 $[0, 1]^n$ の境界は「i 番目の

1）それぞれが「実線で描かれた2つの正方形が4本の点線によって結ばれている」という形をしています．なお点線は見易さのために使っているもので，実線で描かれている辺と数学的な違いはありません．

座標がεである部分」の和集合（ただし$i \in \{1, \cdots, n\}$かつ$\varepsilon \in \{0, 1\}$）として得られます．正方形の境界が辺の和集合として，立方体の境界が面の和集合として得られることの一般化ですね．本稿で考えている向き付けはすべて，境界を$i+\varepsilon$が奇数の部分と偶数の部分に分け，“奇数→偶数”という向きを与えています．なおどの図でも傾きが大きい順，例えば図2（右）では→↘↓の順にiを振ってあります．

私は数年前このGray tensorについて研究していたのですが，図2だけではシンプルすぎていまいち理解の助けにならなかったため，4次元の例について考える必要に迫られました．しかし図2のような向き付けを図1に加えると，矢印が重なり合いすぎて何が何だか分かりません．そこで向き付けされた4次元超立方体のもっとよい描き方を探す中で，下で紹介する推し図形に辿り着いたというわけです．

2+2 = 4

まずは1次元下げて，**向き付けされた立方体**のよりよい描き方を考えてみましょう．具体的には，図2（右）と違って**矢印同士が重なり合わないように**描いてみます．

面の向き付けだけを気にするのであれば展開図を描いてもよいのですが，展

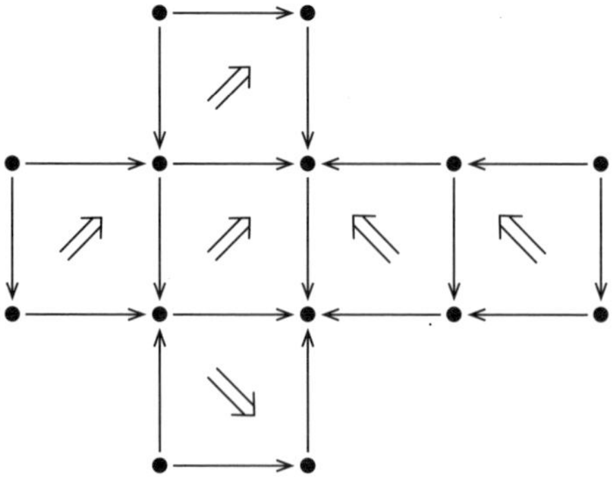

図3　展開図

開図では3次元的な向き付けをどう描けばよいのかよく分かりません．また図2(右)からは比較的簡単に読み取れる「平行な辺・面は同じ向きに向き付けされている」という事実も，展開図にしてしまうと分かり難くなってしまいます．

こういった問題を解決するのが図4の描き方です．左側に立方体の手前の3つの面が，右側に奥の3つの面が，そして真ん中に3次元的な向き付けが示してあります．**2次元の図**を横に(つまり**1次元的にズラして**)並べることで，**2+1 = 3次元**を表現しているわけです．

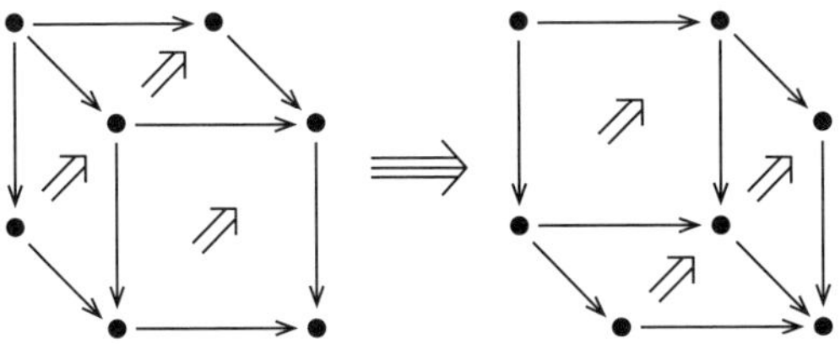

図4　2+1 = 3次元

私の推し図形は同様に，**2次元の図**を**2次元的にズラして**並べることで**2+2 = 4次元**の超立方体を表現したものです(次ページ図5)．3次元的な構造が少し分かり難いかもしれませんが，例えば図5左上の2次元の図とその下の図とで何が違うのか見比べてみると，図4のような立方体が隠れているのが見えるかと思います．

図5の向き付けをすべて無視すれば図1と同じ構造を表しているのですが，パッと見ただけでそのことに納得できる方は少ないのではないでしょうか．頂点・辺・面・胞(立方体)がそれぞれどのように対応しているのか，見比べながら考えてみると面白いかもしれません．

おわりに

向き付けされた単体(点，線分，三角形，三角錐，と続く構造の総称)の図を[3, p. 290]で見たことがあり，図4・5はそれらをヒントにして描いたものです．

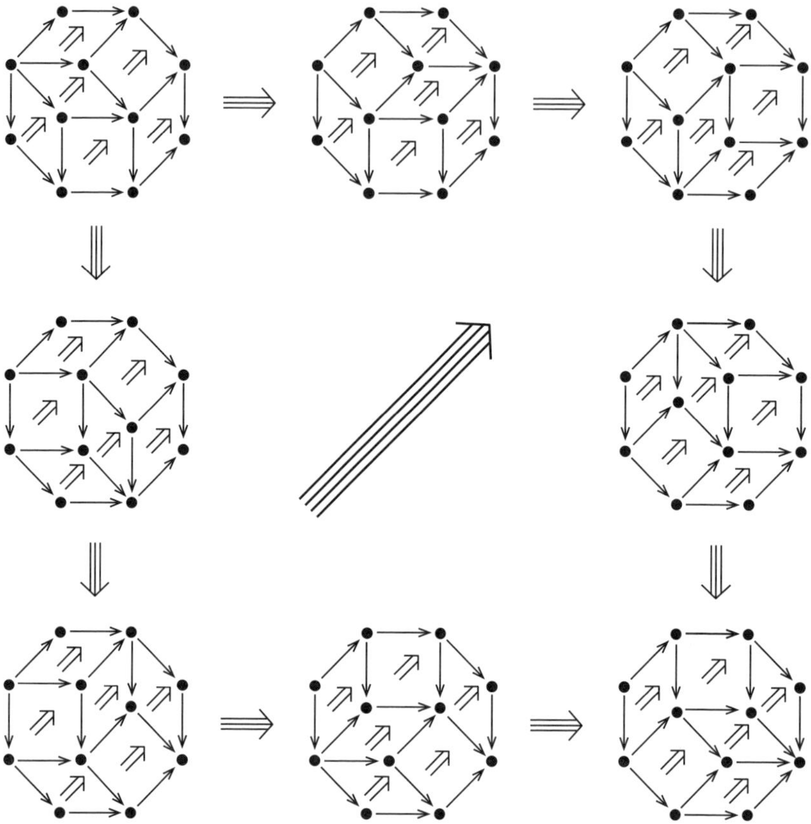

図5　2+2 = 4次元

また図5を思いついた後に知ったのですが，4次元超立方体を同じような形で描いた図が[1, Fig. 17]にありますし，[2, Fig. 9]はほぼ図5そのままです[2)].

そういった意味ではあまり新しい図ではないのかもしれませんが，オンラインで「超立方体」と検索しても図5のようなものは見つからなかったので，推

2）ちなみに[1, 2]どちらにも[3]への言及がありますし，ストリート本人の話では「もともとは単体ではなく超立方体について考えていた」とのことなので，個人的には結局[3]がこのような図の描き方のルーツだと思っています．

し図形として紹介させていただきました．少しでも面白いと思ってもらえたなら幸いです．最後まで読んでいただきありがとうございました．

参考文献

［１］Iain R. Aitchison, The Geometry of Oriented Cubes, *Macquarie University Research Report* (1986).

［２］Albert Burroni, Higher-dimensional word problems with applications to equational logic, *Theor. Comput. Sci.*, **115** (1993), 43-62.

［３］Ross Street, The algebra of oriented simplexes, *J. Pure Appl. Algebra*, **49** (1987), 283-335.

エルハート理論
格子点の数え上げ

中村勇哉
●東京大学大学院数理科学研究科

1……数え上げ組合せ論

最近，同じ(ボルダリング)ジムに通う近所の小学生と算数の話をする機会があった．その子は「場合の数」を習っている最中で，「A, B, C, D, E, F の6枚のカードをAとBが隣り合うように1列に並べる方法は何通りあるか」という塾の発展問題に苦戦していた．正直なところ，小学生にとってはなかなか難しい問題を扱っているなぁと思った次第である．このようなタイプの問い「与えられた特定の条件をみたすものの個数を数え上げよ」は(小学生の算数でも現れるという意味で)基本的でありながらも重要で，数学という学問において根源的な問いであると思う．こういったタイプの問いを扱う分野は，初等中等教育において「場合の数」と呼ばれるが，数学の分野としては「数え上げ組合せ論」などと呼ぶことが多い．

「数え上げ組合せ論」は代数・幾何・解析など数学のさまざまな分野に登場する．その魅力を挙げるとすれば，各分野でさまざまな理論が確立されているのみならず(もちろんそれ自体も面白いのだが)，分野の垣根を越えて解くことのできる問題が多く存在することだと思う．例えば初等的な(問い自体は小学生でも理解できるような)数え上げの問題に対して，代数・幾何・解析などあらゆる道具を駆使して解決することに面白さを感じるのである．

本稿では，「**格子点**」を「推し図形」として選ぶことにした．その中でも特別な思い入れのあるエルハート理論を紹介する．**エルハート理論**は，多面体内の格子点を数え上げる理論である．問題自体は幾何学に現れる数え上げの問題であるが，環論，代数幾何学，コホモロジー理論などが関係してくる面白い分野となっている．

2……エルハート理論

まずは定理の主張を述べよう．

定理 1（エルハートの定理）　P を $\mathbb{R}^N$ 内の整多面体とする．非負整数 n に対し，$f(n) = \#(nP \cap \mathbb{Z}^N)$ と定める．このとき $f(n)$ は n に関する多項式となる．

定理内で登場する言葉を確認しよう．まず**整多面体**とは，頂点 $v_1, \cdots, v_c$ がすべて整数点(つまり，$v_1, \cdots, v_c \in \mathbb{Z}^N$)であるような凸多面体のことである．また，部分集合 $S \subset \mathbb{R}^N$ と非負整数 n に対し，$nS = \{nv \mid v \in S\}$ と定めている．すなわち，nS は S を原点中心に n 倍拡大したような集合である．そしてこの定理は，多面体 nP 内にある整数点の個数 $f(n) = \#(nP \cap \mathbb{Z}^N)$ が n に関する多項式になることを主張している．

この定理は，有理多面体についても拡張されている．凸多面体 P の頂点 $v_1, \cdots, v_c$ が有理数点(つまり，$v_1, \cdots, v_c \in \mathbb{Q}^N$)となるとき，$P$ を**有理多面体**と呼ぶ．

定理 2（有理多面体バージョン）　P を $\mathbb{R}^N$ 内の**有理**多面体とする．非負整数 n に対し，$f(n) = \#(nP \cap \mathbb{Z}^N)$ と定める．このとき $f(n)$ は n に関する**準**多項式となる．

ここで新たに準多項式という聞きなれない単語が登場した．準多項式とは「周期的な多項式」のことである．正確にいうと，関数 $f(n)$ が**準多項式**であるとは，正整数 ℓ と，多項式 $p_0, \cdots, p_{\ell-1} \in \mathbb{Q}[x]$ により

$$f(n)=\begin{cases} p_0(n) & (n\equiv 0 \pmod{\ell}) \\ p_1(n) & (n\equiv 1 \pmod{\ell}) \\ \quad\vdots & \quad\quad\vdots \\ p_{\ell-1}(n) & (n\equiv \ell-1 \pmod{\ell}) \end{cases}$$

と表されるときをいう．またこのとき，ℓ は準多項式 $f(n)$ の**周期**と呼ばれる．

定理２の中で述べなかったが，さらに，周期 ℓ と多項式 p_i に関して次のことが成り立つ．

- mP が整多面体となるように正整数 m をとるとき，準多項式 $f(n)$ の周期 ℓ として m を選ぶことができる．例えば，ℓ として P の頂点の座標に現れる分数の分母の最小公倍数をとることができる．
- 各多項式 p_i の次数は多面体 P の次元[1)]以下である．P の次元が N に一致するとき，各 p_i の次数は N であり，最高次の係数は P の体積に一致する．

例を見てみよう．

例 1　有理多面体 $P\subset\mathbb{R}^2$ として，３点 $\left(-\frac{1}{2},1\right), \left(-\frac{1}{2},-\frac{1}{2}\right), \left(1,-\frac{1}{2}\right)$ を頂点とする三角形を考える．

このとき $f(0)=1,\ f(1)=1,\ f(2)=10,\ f(3)=10,\ f(4)=28,\cdots$ となることが手計算できる．一般項は次の準多項式となる：

$$f(n)=\begin{cases} \frac{9}{8}n^2+\frac{9}{4}n+1 & (n \text{ が偶数のとき}) \\ \frac{9}{8}n^2-\frac{1}{8} & (n \text{ が奇数のとき}). \end{cases}$$

この準多項式の周期は２であるが，これは三角形の頂点の座標の分母に２が現れることに対応している．また最高次の係数である $\frac{9}{8}$ は三角形の面積に対応している．

1）多面体 P の**次元**は，「P を含む最小のアファイン空間の次元」として定義される．

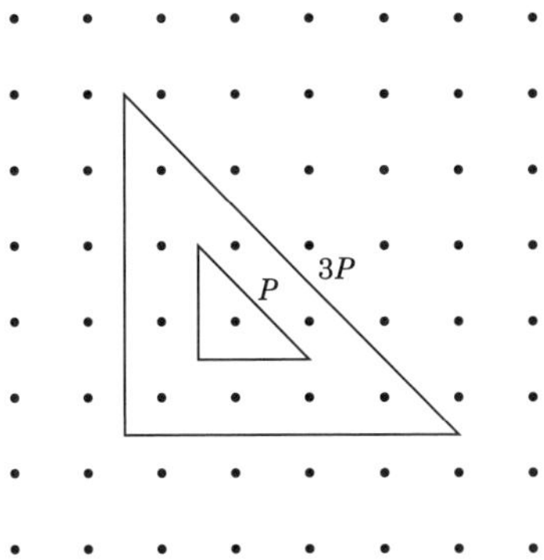

3……再び算数の問題へ

冒頭の小学生の話に戻る．その小学生は「1円玉と5円玉と10円玉を使って40円を支払う方法は何通りあるか」という別の問題にも取り組んでいた．彼はこの問題を手計算で求めており，もっと大きな数の場合，例えば「40円を7000円に変えたらどうやって求めるのだろう」という疑問を持っていた．なかなか数学者らしい(?)発想である．一般に「1円玉と5円玉と10円玉で n 円を支払う場合の数 $f(n)$」の求め方を考えてみよう．このタイプの問題は硬貨交換問題としてよく知られている．

一番シンプルで分かりやすい方法は

$$\frac{1}{(1-t)(1-t^5)(1-t^{10})}$$
$$=(1+t+t^2+\cdots)(1+t^5+t^{10}+\cdots)(1+t^{10}+t^{20}+\cdots)$$

の展開に現れる t^n の係数が $f(n)$ に一致する，という見方である．これは

$$\frac{1}{(1-x)(1-y^5)(1-z^{10})}$$
$$=(1+x+x^2+\cdots)(1+y^5+y^{10}+\cdots)(1+z^{10}+z^{20}+\cdots)$$

の展開を考え，展開で登場する $x^a y^{5b} z^{10c}$ という項を「1円玉 a 枚，5円玉 b 枚，10円玉 c 枚で $a+5b+10c$ 円を支払う」ことに対応させることにより理解可能

である.

エルハート理論からもこの数え上げを考察することができる．エルハート理論を使って $f(7000)$ を求めてこの記事を締めくくることにしたい．$\mathbb{R}^3$ 内の 2 次元の有理多面体 P として，3 点 $(1,0,0), \left(0, \dfrac{1}{5}, 0\right), \left(0, 0, \dfrac{1}{10}\right)$ を頂点にもつ三角形を考える.

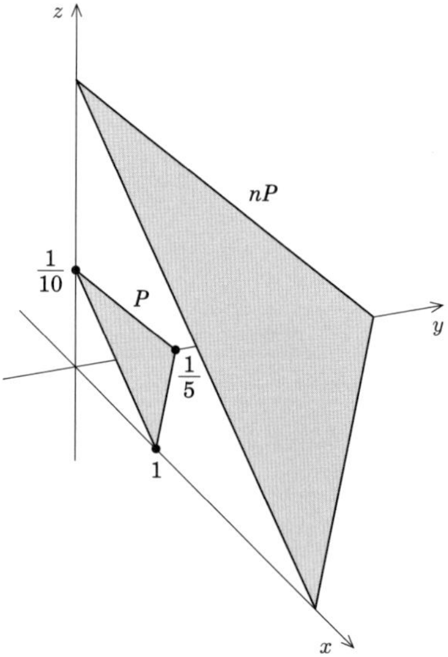

このとき nP は

$$nP = \{(x, y, z) \in \mathbb{R}^3 \mid x, y, z \geqq 0,\ \ x+5y+10z = n\}$$

と表すことができる．したがって，nP 内の整数点の個数が $f(n)$ にほかならない．よって不思議(?)なことに，$f(n)$ が準多項式になることがエルハート理論により分かるのだ．また，準多項式の周期 ℓ として 10 をとることができ，各多項式 p_i の次数は 2 以下となることが分かる．したがって，$f(0), f(1), \cdots, f(29)$ までを具体的に計算すれば，準多項式に現れる多項式 $p_0, \cdots, p_9$ を完全に決定することが可能である．例えば $f(0) = 1$，$f(10) = 4$，$f(20) = 9$ であることを手計算で確かめたのならば，$p_0(n) = \dfrac{n^2}{100} + \dfrac{n}{5} + 1$ と決定することができる．これにより $f(7000) = p_0(7000) = 491401$ であることを示すことができた．

4……結び

エルハート理論の出発点は「多面体内の格子点の個数」という小中学生でも理解できるような問いであった．一見関係のない(やはり初等的な問いから出発している)硬貨交換問題と関連するところも面白いところである．今回は触れることができなかったが，エルハート理論の理解に環論，代数幾何学，コホモロジー理論など，発展的であり，一見無関係な数学が応用可能な点も，エルハート理論の魅力である．定理 1, 2 の証明や関連する話題に興味がある読者には次の本を薦めたい：

［1］ M. ベック，S. ロビンス著，『離散体積計算による組合せ数学入門』，岡本吉央訳，丸善出版，2010.

［2］ 日比孝之著，『可換代数と組合せ論 復刊』，丸善出版，2019.

[1]では大学1年生で習う数学(微分積分学と線形代数)を前提に定理 1, 2 が証明されている．[2]ではエルハート理論と環論の関連が説明されている．

4次元を経由したメビウスの帯の描画

平澤美可三
●名古屋工業大学工学研究科

本稿では3次元空間内の図形を式で表すことを考えます．その際，3次元空間内では難しかったり複雑だったりする状況を4次元空間内で構成してから3次元に落とすことで解決する手法を，メビウスの帯を例として紹介します．それにより，よく知られた形とはまた異なる形のメビウスの帯を示します．

メビウスの帯は，紙テープなどを半捻り（180度捻り）して貼り合わせて得られる図形です．簡単に作れるものでありながら，子供にも幾何学の素朴な面白さが伝わる興味深い図形です．「ある地点から歩いてゆくと裏側に回り込み，さらに進むともとの位置に戻ってくる」，「フチを辿るとすべての点を通って一繋がりになっている」などなどです．

メビウスの帯（図1左）は通常，3次元空間内で次のように媒介変数を用いて表されます．

図1　メビウスの帯

$$\begin{bmatrix} x \\ y \\ z \end{bmatrix} = 3\begin{bmatrix} \cos\theta \\ \sin\theta \\ 0 \end{bmatrix} + v\left(\cos\frac{\theta}{2}\begin{bmatrix} \cos\theta \\ \sin\theta \\ 0 \end{bmatrix} + \sin\frac{\theta}{2}\begin{bmatrix} 0 \\ 0 \\ 1 \end{bmatrix}\right)$$

ただし，$0 \leqq \theta \leqq 2\pi$，$-1 \leqq v \leqq 1$

上式は，図1中央のように，“(長さ2の)線分が，(半径3で)一回転の公転する間に半回転の自転をする”ことを自然に表しています．このメビウスの帯の境界(フチ)は図1右のように一回丸まった絡みのない円周になっています．

ここで次の設定を考えます．膜がゴム膜のような柔軟な素材でできていて，伸ばしたり縮めたりしても破れないとします．そして重力や，曲面の面積を減らそうとする分子間力は無視することにします．その上で，例えば図2のようにしてメビウスの帯の境界を変形して完璧な円(真円)にします．そのときに曲面を押しのけながらうまく動かして綺麗な形のメビウスの帯にすることはできるでしょうか？

図2　メビウスの帯の境界の変形

原理的には境界を変形するときに曲面が邪魔をしても，柔らかいものなのでそっと押しのけて行けば可能なことはわかります．しかしそれをCGやVR，もしくは現実の厳密なオブジェとして作成するためには座標のデータを必要とします．

これは4次元空間でメビウスの帯を実現し，それを3次元空間に投影することを定式化して式で表せば可能です．4次元から3次元に投影する方法はいろいろありますが，今回はステレオ射影を用います．そのために，4次元内で構成する点は“単位球面”上に置く必要があります．単位球面Sは原点からの距離が1の点の集合で，座標を(x, y, z, w)と表したとき$x^2+y^2+z^2+w^2=1$を満たすことが定義です．ここに描いたメビウスの帯をさまざまな向きで，S 上の 1 点から 3 次元空間に投影するのです．

4 次元空間内で，メビウスの帯 M は次のようにパラメータ表示されます．

$$\begin{bmatrix} x \\ y \\ z \\ w \end{bmatrix} = \begin{bmatrix} \cos u \cos v \\ \cos u \sin v \\ \sin u \cos \dfrac{v}{2} \\ \sin u \sin \dfrac{v}{2} \end{bmatrix}, \qquad -\frac{\pi}{2} \leqq u \leqq \frac{\pi}{2},\ 0 \leqq v \leqq 2\pi$$

また，$x^2+y^2+z^2+w^2=1$ となることからこのメビウスの帯の各点は S 上にあることが確認できます．

筆者の専門は結び目理論という，空間内の絡んだ柔らかい紐の位相的な性質を探る分野です．そこではあまりに柔らかいと扱いにくいことから，ある程度の固定を行うために結び目を境界とする膜（ザイフェルト曲面）を張って，行列や写像を構成します．その関係でその道の大家である L. カウフマンをシカゴに訪ねた際に上記の問題が話題になり，この式を紹介されました．

4 次元空間内の点 $(1,0,0,0)$ からのステレオ射影は (x,y,z,w) を 3 次元空間内の点 $(y,z,w)/(1-x)$ に移します．これによってメビウスの帯 M は 3 次元空間内に図 3 のように投影されます．このようにしてもメビウスの帯の性質は保たれており，特に表から辿ってゆくと裏に行き着くことができます．ただし，M の中の一点がちょうど $(1,0,0,0)$ に乗っており，その点は 3 次元空間では無限の彼方に飛ばされます．図では無限に広がらせることは現実的でないので，

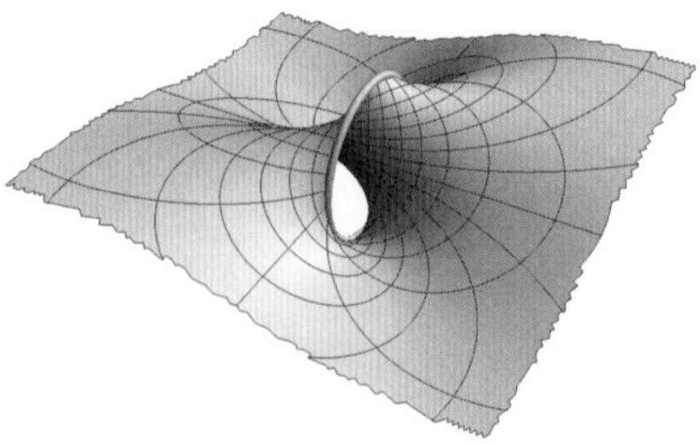

図 3　境界を真円にしたメビウスの帯

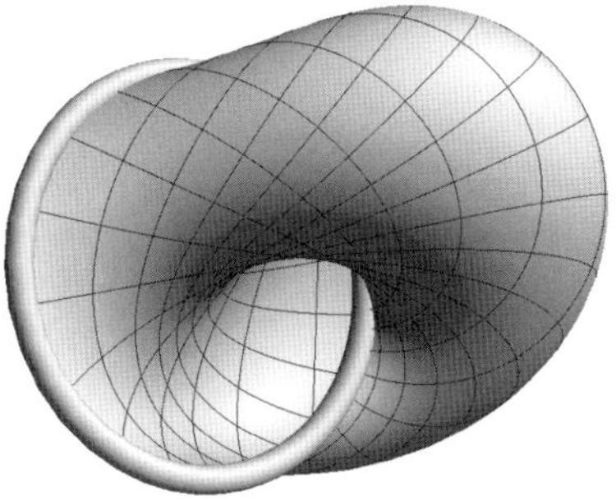

図4　境界を真円にした有界なメビウスの帯

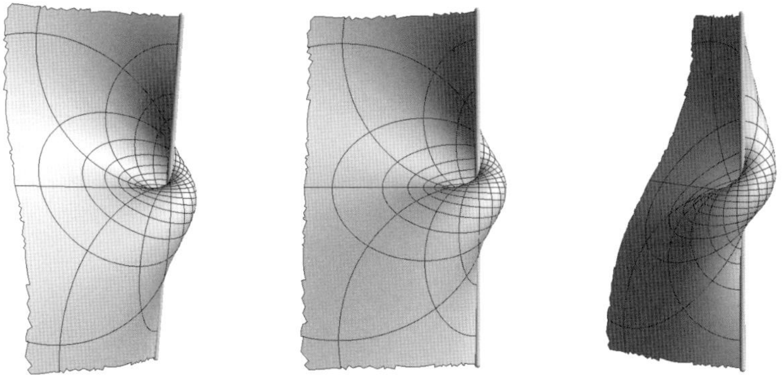

図5　境界を垂直線にしたメビウスの帯

立方体の枠で切り取って表示しています．その切り口をギザギザで表現しました．

3次元に投影したときに無限遠点に飛ぶ点が生じることを避けるために，メビウスの帯 M が乗っている S を4次元空間内で回転します．例えば，yz 平面を固定して，xw 平面を $\frac{1}{8}$ 回転したものを $(1,0,0,0)$ からステレオ射影して得られたのが図4です．

また別の位置からの投影として，4次元空間内の点 $(0,0,0,1)$ からのステレオ射影は (x,y,z,w) を3次元空間内の点 $(x,y,z)/(1-w)$ に移します．これによってメビウスの帯 M は3次元空間内に図5のように投影されます．ここで

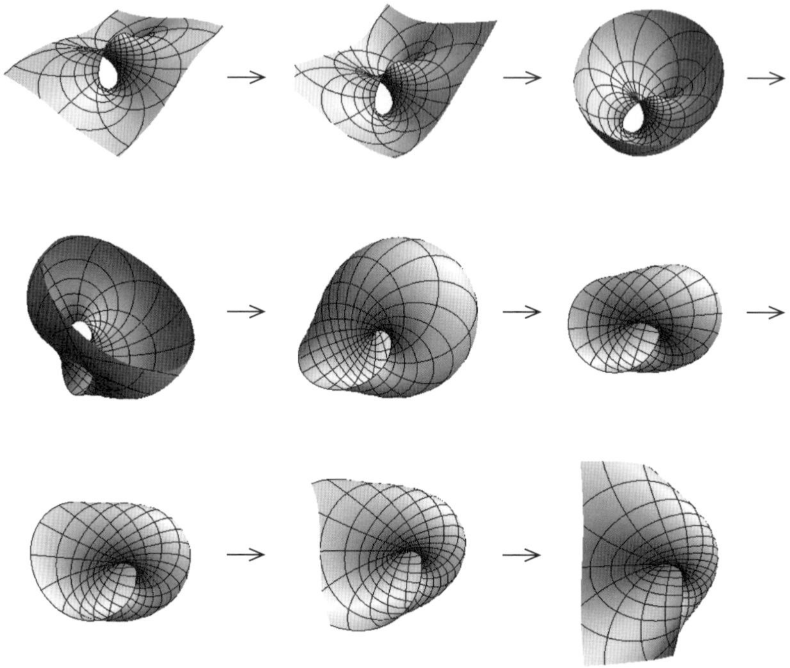

図 6　図 3 から図 5 への変形の様子

は，M の境界の中の一点が $(0,0,0,1)$ にあることから，その点は 3 次元空間では無限遠点に飛ばされ，境界が直線になります．

これまで 4 次元空間内で立体を回転させたり，投影の起点を移したりしましたが，その動きは 4 次の正方行列で表すことができます．それにより図 6 のように，これまで描いた図形を連続的に変形することができ，アニメーションやインターラクティブな VR を作るのに役立ちます．

例えば「xy 平面を固定して，zw 平面を θ 回転」することは行列では次のように書けます．

$$\begin{bmatrix} x' \\ y' \\ z' \\ w' \end{bmatrix} = \begin{pmatrix} 1 & 0 & 0 & 0 \\ 0 & 1 & 0 & 0 \\ 0 & 0 & \cos\theta & -\sin\theta \\ 0 & 0 & \sin\theta & \cos\theta \end{pmatrix} \begin{bmatrix} x \\ y \\ z \\ w \end{bmatrix}$$

実際，(x,y) は不動で (z,w) には θ 回転が作用します．このように，4 次元空間での回転は面(2次元)を固定しての回転になります．これは，平面(2次元空間)での回転は点(0次元)を固定し，空間(3次元空間)での回転は直線(1次元)を固定することの延長になっています．また4次元空間では平面と平面が1点で交わることもあり，例えば xy 平面と zw 平面が原点のみで交わっています．さらに，平行でないが交わらない，「ねじれの位置にある2つの平面」も簡単に生じます．4次元の図形に興味を持たれた方は『数学セミナー』2021年9月号の特集「高次元の正多面体」が楽しめると思います．(記事の1つとして，4次元空間に存在する6つの4次元正多面体について，その内訳と座標の決定，ステレオ射影などによる3次元空間モデルの構成について書きました．)

図3,4,5はもとの4次元空間ではシンプルな式の同じ形なのに，3次元への投影方向の違いで複雑な式が表す別々の形になります．このように，高次元を経由して狙い通りの綺麗な形を描画できるのが特に面白いと思います．

メビウスの帯の境界は一本の閉曲線なので，メビウスの帯2つをその境界同志で貼り合わせると境界のない向きづけ不可能な曲面が得られます．これはクラインの壺，またはクラインボトルと呼ばれ，いかにもボトルで作ったような形が有名です．それ以外にも，8の字を一回公転させる間に半回転自転させることによっても描けます．実は本稿のメビウスの帯と同じように，4次元を経由するとさらに別の形でクラインの壺を描くことができます．下図は図3,4,5に対応する描画です．筆者は特に右側の図を見つけたとき，とても感動しました．

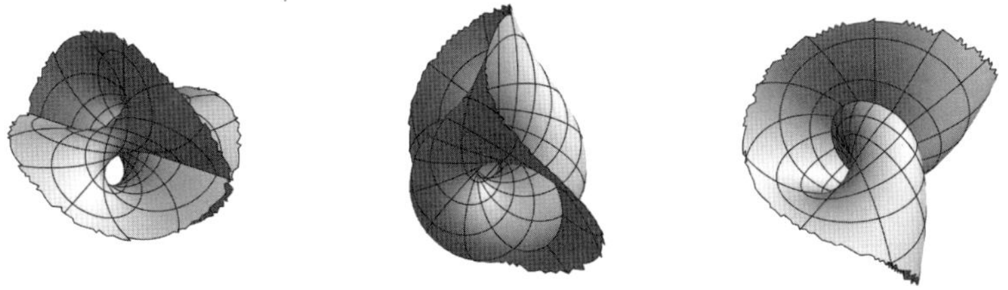

図7　クラインの玉

円周上の点集合

数学オリンピック問題を題材に

近藤宏樹
●数学オリンピック財団

平面上の円周はきわめて単純で基本的な図形で，高校数学では三角関数の定義に用いられるように，円周上を動く点を考えることで周期性を表すことができます．また，円周上の点からなる部分集合を考えることで，問題を図形的に捉え直すことができることもあります．例えば，単位円上の有理点全体

$$\{(x,y)\in\mathbb{Q}^2 \mid x^2+y^2=1\}$$

は単位円周の稠密な部分集合となっていますが，これを図形的に考察することでピタゴラス数全体

$$\{(a,b,c)\in\mathbb{N} \mid a^2+b^2=c^2\}$$

を決定することができます．

ここでは，数学オリンピックの代数的な問題を題材に，実数の小数部分を円周上の点に対応づけて考えられる問題を紹介します．

1……等比数列の上位の桁

まずは，簡単な有名問題から考えます．

問題 1　2^{100} が 31 桁の整数であることを既知として，2^n $(n=0,1,\cdots,100)$ のうち最上位の桁が 1 であるものの個数を求めよ．

解　2^{n-1} と 2^n の桁数が異なるとき，2^n の最上位の桁は必ず 1 で，2^{n+1} は 2^n と桁数が同じで最上位の桁は 1 でない．よって条件を満たす数は，1 桁，2 桁，

……，31 桁のものがちょうど 1 つずつあるので答は 31 個.

この問題は図 1 を用いても考えられます．一般に，自然数 N の最上位の桁が 1 であることはある非負整数 k が存在して

$$10^k \leqq N < 2\cdot 10^k \Longleftrightarrow k \leqq \log_{10} N < k+\log_{10} 2$$

が成り立つことと同値なので，$0 < \log_{10} 2 < 1$ に注意すればこれは

$$0 \leqq \langle \log_{10} N \rangle < \log_{10} 2$$

と言い換えることができます（$\langle x \rangle$ は実数 x の小数部分）.

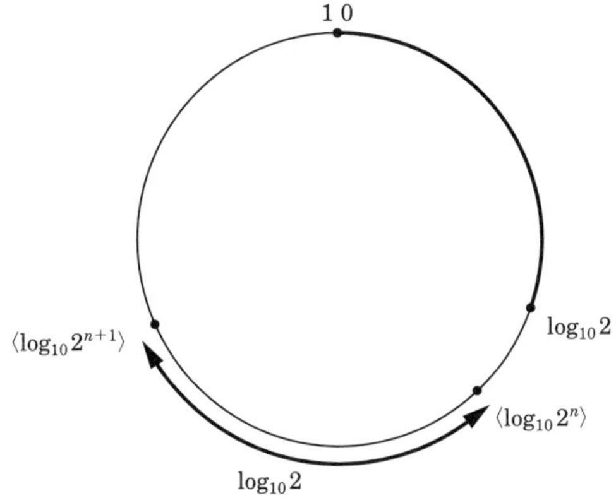

図 1

一方，$\log_{10} 2^{n+1} - \log_{10} 2^n = \log_{10} 2$ なので，図 1 のように区間 $[0,1]$ の端点を同一視して円周とみなすと，$\langle \log_{10} 2^n \rangle$ $(n = 0, 1, \cdots, 100)$ は円周上に $\log_{10} 2$ ごとに等間隔に並びます．このうち区間 $I = [0, \log_{10} 2)$ 上にあるものの個数が求めるものなので，I の長さと間隔が一致していることから，答は点が円周上を回る回数と等しく $[\log_{10} 2^{100}]+1 = 31$ 個となります.

上記の考え方を一般化すると次が得られます：

命題 1　区間 $[0,1]$ の端点を同一視した円周の，長さ T の弧 C（少なくとも一方の端点を含む）と $[0,1]$ 内の点列 $(a_n)_{n=0,1,\cdots,N}$ および自然数 M に対して，

（1） 任意の n に対して $\langle a_{n+1}-a_n\rangle \leqq T$,

（2） $\displaystyle\sum_{n=0}^{N-1}\langle a_{n+1}-a_n\rangle \geqq M$

が成り立つならば，$a_n \in C$ を満たす n が M 個以上存在する．

条件(1)が点を打つ間隔，条件(2)が点が円周上を回る合計回数を表しています(問題 1 では条件(1)の等号が常に成立することから，存在する個数も等号の形で得られています)．

少し応用すると，次の問題を解くことができます：

問題 2 p を任意の素数，m を任意の自然数とする．このとき自然数 n をうまく選べば，p^n を 10 進法で表したときその数字列に 0 が連続して m 個以上並ぶ部分があるようにできることを示せ．

(2001 年日本数学オリンピック本選第 4 問)

解 より強く，10 のべきでない任意の自然数 a に対して次を示す：自然数 n をうまく選べば，a^n の上位 $m+1$ 桁は $1\underbrace{00\cdots0}_{m}$ である．

a^n が条件を満たす必要十分条件は問題 1 と同様，ある非負整数 k が存在して

$$10^k \leqq a^n < 1.\underbrace{00\cdots0}_{m-1}1\cdot 10^k$$

が成り立つこと，すなわち

$$0 \leqq \langle n\log_{10} a\rangle < \log_{10} 1.\underbrace{00\cdots0}_{m-1}1$$

が成り立つことである．条件より $\log_{10} a$ は無理数なので上式の等号は成立しないことに注意する．$c=\log_{10} 1.\underbrace{00\cdots0}_{m-1}1$ とおき，$cN>1$ を満たす自然数 N をとる．

$\langle n\log_{10} a\rangle$ $(n=0, 1, \cdots, N-1)$ は円周上に $\langle \log_{10} a\rangle \in (0, 1)$ ごとに等間隔で並ぶが，これら N 個の点で長さ 1 の円周が N 区間に分割されていると考えれば，このうち長さが $\dfrac{1}{N}$ 以下の区間が存在する．このときある $n_1, n_2 \in \{0, 1, \cdots, N-1\}$ $(n_1 \neq n_2)$ が存在して

$$0 \leqq \langle n_1\log_{10} a\rangle - \langle n_2\log_{10} a\rangle < c$$

が成り立つ．$n_1 > n_2$ ならばこれは

$$0 \leqq \langle (n_1 - n_2)\log_{10} a \rangle < c$$

を意味するので $n = n_1 - n_2$ が条件を満たす．

$n_1 < n_2$ のときを考える．$[0,1]$ 内の点列 $(a_n = \langle -n(n_2 - n_1)\log_{10} a \rangle)_{n=1,2,\cdots}$ に対して，

$$a_{n+1} - a_n = (n_1 - n_2)\log_{10} a$$

の小数部分は c 未満なので，命題1よりある自然数 n' が存在して

$$1 - c < \langle -n'(n_2 - n_1)\log_{10} a \rangle < 1,$$

したがって

$$0 < \langle n'(n_2 - n_1)\log_{10} a \rangle < c$$

が成り立つので $n'(n_2 - n_1)$ が条件を満たす．

まったく同様にして，a^n の上位 m 桁が $0, \cdots, 9$ からなる長さ m の任意の列に一致するような n が存在することも示せます．

この問題へのまったく異なるアプローチとして，p^n を10のべきで割った余りに着目する方法があります．$p \neq 2, 5$ ならば $p^n \equiv 1 \pmod{10^{m+1}}$ を満たす自然数 n が存在することから直ちに従い，$p = 2, 5$ の場合も10のべきで割った余りが特定の値になる n の存在を示すことで解答できます．

なお，上記の解では組 (n_1, n_2) を経由して条件を満たす n の存在を示していますが，次の定理を用いるとより直接的に存在を示すことができます：

定理2（ワイル）　無理数 α に対し，$[0,1)$ 内の点列 $(\langle n\alpha \rangle)_{n=1,2,\cdots}$ は一様分布する．すなわち，任意の $0 \leqq a < b < 1$ に対して次が成り立つ：

$$\lim_{N \to \infty} \frac{\#\{n \mid n \leqq N,\ a < \langle n\alpha \rangle < b\}}{N} = b - a.$$

この定理を $a = 0$，$b = \log_{10} 1.\underbrace{00\cdots0}_{m-1}1$ として適用すると，定理の左辺の分子が十分大きい N に対して正であることが言えるので，条件を満たす n の存在が示されます．

2……単位分数の和の分布

次の問題も，小数部分の円周上での分布を考えることで解くことができます．

問題 3　次の条件をみたす正の整数 n は存在するか．

条件：任意の有理数 r に対して，

$$r = b + \frac{1}{a_1} + \cdots + \frac{1}{a_n}$$

をみたす整数 b および 0 でない整数 $a_1, \cdots, a_n$ が存在する．

（2008 年日本数学オリンピック本選第 5 問）

少し位相空間の知識が必要になるので，必要な用語と事実を整理しておきます．

定義 1

（1）$\mathbb{R}^n = \{\boldsymbol{x} = (x_1, \cdots, x_n) \mid x_i \in \mathbb{R}\}$ 内の点列 $(\boldsymbol{x}_i)_{i=1,2,\cdots}$ が $\boldsymbol{y} \in \mathbb{R}^n$ に**収束**する（$(\boldsymbol{x}_i) \to \boldsymbol{y}$ と書く）とは，各成分が収束することと定める．

（2）$A \subset \mathbb{R}^n$ が**閉**であるとは，$\boldsymbol{x}_i \in A$ $(i = 1, 2, \cdots)$，$(\boldsymbol{x}_i) \to \boldsymbol{y}$ ならば $\boldsymbol{y} \in A$ が成り立つことをいう．

（3）$A \subset \mathbb{R}^n$ が**有界**であるとは，ある $R > 0$ が存在して A の元の成分の絶対値がすべて R 以下であることをいう．

（4）写像 $f\colon A \to \mathbb{R}^m$ $(A \subset \mathbb{R}^n)$ が**連続**であるとは，$\boldsymbol{x}_i, \boldsymbol{y} \in A$ $(i = 1, 2, \cdots)$，$(\boldsymbol{x}_i) \to \boldsymbol{y}$ ならば $(f(\boldsymbol{x}_i)) \to f(\boldsymbol{y})$ が成り立つことをいう．

命題 3　$A \subset \mathbb{R}^n$ が有界かつ閉で $f\colon A \to \mathbb{R}^m$ が連続写像ならば，$f(A) = \{f(\boldsymbol{x}) \mid \boldsymbol{x} \in A\}$ も有界かつ閉である．

これらを用いると，問題 3 をすっきりと解くことができます．なお，前節と同様に $[0, 1]$ の端点を同一視した円周を S とおき，$S \subset \mathbb{R}^2$ とみなすことにします．

問題 3 の解　条件を満たす n が存在したと仮定し，各成分が 0 または $\pm\frac{1}{m}$ $(m = 1, 2, \cdots)$ の形の $\mathbb{R}^n$ の元全体の集合を A とおく．$f\colon A \to S$ を $f(a_1, \cdots, a_n) = \langle a_1 + \cdots + a_n \rangle$ で定める．これは連続である．

A は有界かつ閉であることが容易にわかる．$f(A)$ は条件より $[0, 1)$ 内の有理数全体になるが，これは閉集合ではない(例えば $\frac{\sqrt{2}}{2} \notin f(A)$ に収束する点列がとれる)ので命題 3 に矛盾する．よって，条件を満たす n は存在しない．

なお，位相空間を明示的に用いない解法としては，n を固定したときに，どの $r \in I_n$ も所望の形に表せないような長さ正の区間 I_n が存在することを n についての帰納法で示す方法があります．

Θグラフ

清水達郎
●東京電機大学システムデザイン工学部

Θグラフは下図のような，2つの頂点と3つの辺を持つグラフです．形がギリシャ文字のΘ(テータ)に似ていることからそう呼ばれています．このシンプルなグラフが幾何学において活躍します．Θグラフを使うことで，3次元多様体と呼ばれる，絵で描いたり直接見ることが難しい図形から，数字という人間にとって分かりやすい情報を取り出せます．いわば見えない図形を間接的に『観る』手助けをしてくれるのです．

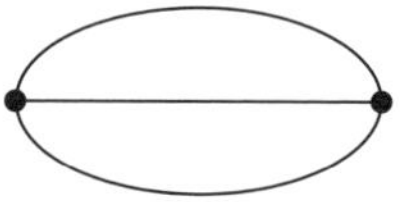

まずは，図形を『観る』とはどういうことか説明します．幾何学で調べる図形というと，多角形や直線，円といった実際に紙に描いて目で見ることができるものを思い浮かべるかもしれません．しかし幾何学で調べる対象はそのような図形だけではありません．例えば次の式を満たすような4次元空間内の点の集まりS^3は3次元球面と呼ばれる図形です：

$$S^3 = \{(x_1, x_2, x_3, x_4) \mid x_1^2+x_2^2+x_3^2+x_4^2 = 1\}$$

このS^3も幾何学で調べる重要な対象です．あるいはクラインの壺をご存じでしょうか．クラインの壺はいくらでも伸縮可能な素材でできた次ページ上図のような筒を用意し，その両端の円を矢印の向きが合うように貼り合わせてでき

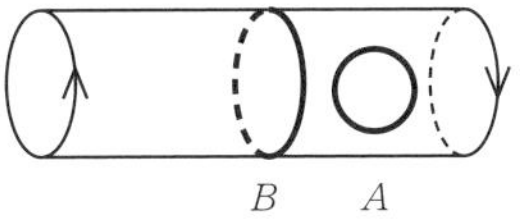

る図形です[1].

3次元球面やクラインの壺を絵に描いて目で見るのは難しいです．人間は基本的には平面(あるいは空間)上にしか絵を描けないからです．直接手に取ったり見たりできないこれらの図形を観察するために，幾何学でよく行われるのが，**その図形の中で起こっている現象を観察することで間接的に図形を観る**，という手法です．例えば，先ほどのクラインの壺の上に円を描き，その円に沿って切ります．すると図中の円 A で切るとクラインの壺が2つに分かれますが，円 B に沿って切ると2つに分かれず繋がったままであることが観察されます．これは球面や平面では決して観察されない現象です．球面や平面はどんな円で切っても必ず2つに分割されます．「円」と「切る」というツールが引き起こす現象を観察することで，クラインの壺の持つ，球とは異なる性質を『観る』ことができたのです．

いよいよグラフを用いて図形を観る方法を紹介します．Θ グラフで3次元多様体を観る前に，実際に手を動かせる例として，下の絵のグラフ Γ を用いて図形を観る方法を紹介します．

$\Gamma =$ 

Γ を通して観ることができる図形は「(2成分)絡み目」と呼ばれる，xyz 空間内の互いに交わらない2つの輪です．2つの輪を K_1, K_2 と名づけておきます．さて xyz 空間の中に次の2つのルールに従って Γ を置くことを考えます：

1）3次元空間内ではこの貼り合わせの際に自己交差が生じるが，4次元空間内では自己交差なく実現できる．

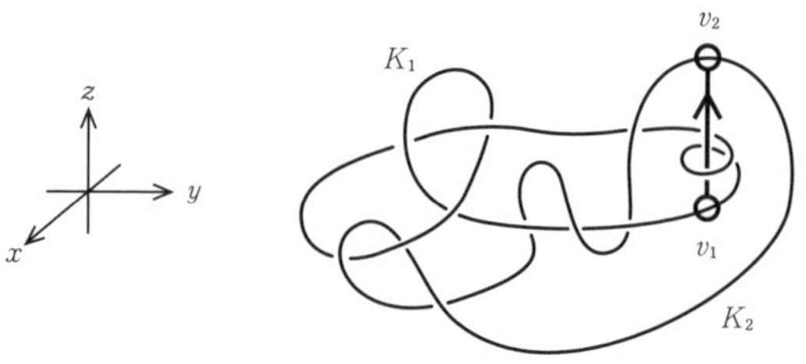

① 頂点 v_1 は輪 K_1 に，頂点 v_2 は輪 K_2 にそれぞれ乗せる.

② グラフの辺は z 軸に平行で，頂点 v_1 から頂点 v_2 を見ると上を向いている.

これらの条件を満たすグラフの乗せ方は，特殊な場合を除き有限個しかないことが分かります．その総数を2で割った余りを(mod 2 の)**絡み数**といいます．こうして絡み目という図形から 0, 1 いずれかの情報が取り出せました．そしてもし，この絡み数が1であったら，絡み目は絡んでいる，すなわち2つの輪をお互いがぶつからないようにどう動かしても引き離すことができない，ということが知られています．つまりグラフ Γ の振る舞いを観察することで，絡み目が絡んでいるかどうかのスクリーニング検査ができるのです．例えば上の図の絡み目は，絡み目数が1なので，絡んでいます．

さて Θ グラフです．3次元多様体は，ここでは定義は割愛しますが，xyz 空間や3次元球面のように，各点の十分近くでは xyz 空間と同じ自由度を持った図形です．観察したい3次元多様体を M とします．まず準備として M の中にベクトル場[2)] をとります．ベクトル場というのは空気の流れのようなものです．つまり各点に風向きと風速という情報が連続的に与えられていると考えてください．このベクトル場(風)を3つ用意します．そして M 内の次のような2つの異なる地点 V_1, V_2 を探します：V_1 から第1の風に沿って風船を飛ばすと，いずれ V_2 を通過する．V_1 から第2の風，第3の風に沿って風船を飛ばしてもやはりいずれ V_2 を通過する．このような2地点 V_1, V_2 を探します．実は M とベ

2）実際はスカラーポテンシャルを持つベクトル場をとる.

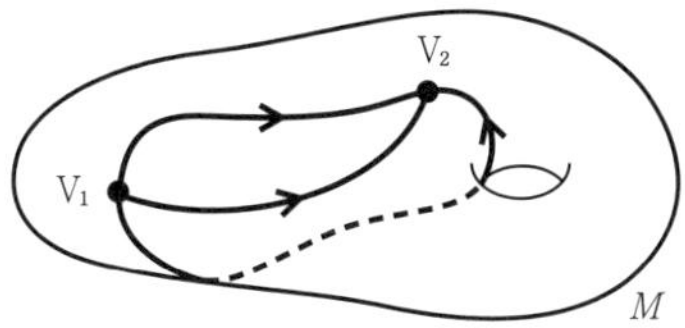

クトル場にいくつか条件を課すと，こういった点のペア (V_1, V_2) は有限個であることが分かります．その数が Θ グラフを通して得られる M の情報です[3]．

Θ グラフを用いて得られる3次元多様体の情報はキャッソン不変量と呼ばれる大事な情報と本質的に一致することが知られています．ほかにもさまざまな形のグラフがあり，3次元多様体や結び目・絡み目あるいは他の図形たちを観るのに活躍します．最近では渡邉忠之氏がスメール予想と呼ばれる4次元の世界の豊富さに関する予想の解決に Θ グラフを用いました．グラフを用いた観察の手法はコンツェビッチ不変量，量子不変量，チャーン–サイモンズ摂動論などと呼ばれる技術として結実しています．さらにはグラフ同士の関係を調べる研究も行われています．グラフたちの集合は代数的な構造を持つことが知られており，その代数を調べることで，各グラフから得られる情報間の繋がりが見えてきます．

最後になりましたが，この「グラフを通して図形を観る」という手法は純粋に数学の中で生み出されたものではありません．この手法の背景には物理学があり，Θ グラフもファインマン図と呼ばれる粒子の時間・空間的振る舞いを抽象化した図に由来します．我々の住んでいる世界，あるいはその隣の世界とじっくり向き合い得られた物理学の手法が，一見現実世界とは切り離されて見える数学においても大いに活躍しているのです．これは我々の数学がやはりこの世界に住む人間の営みであるということのひとつの現れなのではないでしょうか．

3）本当はこの数はベクトル場の取り方に依存するので，それを補正する必要がある．

三葉結び目

境 圭一
●信州大学理学部

本稿では，トポロジーで出会う図形の中でもひときわ重要である**結び目**，特に**三葉結び目**について，多様な側面のうち，ほんの一部をお話しします．筆者の研究では三葉結び目は大活躍してくれていますので，日頃の感謝を伝えるつもりで書いてみます．

トポロジーで出会う「図形」

大学の幾何学で学ぶ「図形」は，高校までに出会ったものとはずいぶん趣が異なり，多くの学生は面食らうと思います．2次元の曲面のように，直に手に取って眺められる図形ならまだしも，例えば n 次元球面 S^n や射影空間などの姿を想像するのは，少なくとも最初のうちは困難でしょう．学生は，講義の本題よりも「S^3 の話なのに，なぜ先生は S^2 の絵を描いているのか」ということを気にしたりしますが，これはもっともなことだと思います．「S^2 とのアナロジーで考えてよいこと，そうでないこと」の区別がなされていれば，S^2 の絵を描きながら S^3 について話せるのですが，そういった感覚は簡単に身につくものではないと思います．

さらに，位相空間論や，筆者が興味を持っている位相幾何学(トポロジー)を学ぶと，図形というものの捉え方自体にも大きな軌道修正を求められます．円と楕円，多角形などはすべて同じ(同相)だったり，さらに「ホモトピー同値」という概念を学ぶと「円板と1点は同じだ」というようなことを先生は言い出します．そうすると，あんなにがんばって計算していた曲線の長さや角度の重要性が，トポロジーの立場では大きく揺らぐ[1)]ことにも気づかざるを得ません．学生の戸惑いは察するに余りあるものです．図形の「芯」のようなところを捉えるのがトポロジーの立場である，ということを上手に伝えるにはどうしたらよいか，試行錯誤は続きそうです．

結び目について

そういった中で，学生が興味を持つことが多い対象の１つに**結び目**があります．結び目は輪になった１本の紐が３次元空間内で絡まっているものです(図１参照)．

図１　結び目の例

結び目は直に手に取れる図形の代表格のようなもので，何なら自分で紐を使って簡単に作れてしまいますから，具体性では他のどんな数学的対象にも引けを取りません．このあたりが人気の理由なのでしょう．

図１左は絡まっていない輪ですが，これも結び目とみなし，**自明な結び目**と呼びます．図１中央の結び目は**三葉結び目**と呼ばれ，自明な結び目以外では最も簡単な，あるいは最も基本的な結び目として知られます．一般の結び目に関して何らかの理論を考える際に，三葉結び目について実験しない研究者はいないはずで，専門家にとっては最も馴染み深い結び目だと思います．いわゆる「固結び」は三葉結び目であると考えられるので，日常的にもしばしば目にして

1）重要であることには変わりありません．

いる結び目と言えます．

図1中央の三葉結び目を紐で作り，紐を切ることなく引っ張ったり振り回したりすると，図1右のような結び目に変えることができます．これらは一見異なる結び目のようですが，途中で紐を切ったりしていない以上，見た目は違えど「絡まり方」は変わっていないと考えられます．このような変形を**イソトピー**と呼び，イソトピーで移りあう結び目は**イソトピック**であると言います．イソトピックな結び目は「同じ」とみなす，という立場で結び目を分類するのが，結び目理論の基本的な問題意識です．上で少し述べた「図形の芯」にあたるものは，結び目理論においては「絡まり方」であることになります．

すでに述べたように，結び目はきわめて具体的な対象です．しかし，具体的であることは，扱いやすいことを意味しません．筆者は結び目理論の専門家ではありませんが，結び目理論がいかに奥深く，複雑で，誤解を恐れず言えば無秩序であるかは，少しは理解しているつもりです．例えば図2に示したような結び目の局所的な改変を**交差交換**と呼びますが，たったこれだけの操作が，結び目を大きく変えてしまいます．

図2　交差交換

図1の三葉結び目について，3つある交差(紐が上下に重なっている部分)のいずれについても，交差交換を行うと自明な結び目にイソトピックになってしまいます．

結び目のなす空間

結び目は数限りなく存在しますが，限りあるページでは出せる具体例は限られます．本稿で出す具体例として三葉結び目を選んだのは，三葉結び目が筆者の研究にとって非常に重要だからです．筆者の研究対象は，結び目理論と深く関わりながらも同一ではありません．そのため，必ずしもすべての結び目を必要とするわけでなく，三葉結び目，あるいはそこから派生したものが，筆者の研究では大きな働きをしてくれています．以下，いくらか専門用語を交えて書いてみますが，雰囲気だけ感じてもらえればと思います．

結び目は，1次元の単位円周 S^1 から3次元ユークリッド空間 $\mathbb{R}^3$ への滑らかな写像で，「折れ曲がり」や「自己交差」を持たないもの(**埋め込み**と言います)，あるいはその像と考えられます．筆者が興味を持ち研究しているのは，n 次元球面 S^n から m 次元ユークリッド空間 $\mathbb{R}^m$ への埋め込み全体の集合に，適当な方法で位相を入れた位相空間 $K_{m,n}$ です．$K_{3,1}$ の場合だと，$K_{3,1}$ の連結成分の集合は結び目のイソトピー類の集合と同一視されます．筆者の関心は連結成分のみならず，空間 $K_{m,n}$ 自体の位相幾何学的な性質にあります．このような「ある種の写像全体のなす位相空間」は，代数的位相幾何学，ホモトピー論といった分野では古くから研究されてきたものです．

図2の交差交換で結び目は劇的に変化してしまいますが，いくつかの交差について交差交換した結び目たちの形式的な交代和[2)]が，**有限型不変量**と呼ばれる**結び目不変量**を考える際に重要な意味を持ちます．例えば図1の三葉結び目なら，3個ある交差ごとに交差交換をする・しないの2通りがあり，$2^3 = 8$ 個の結び目が考えられます．このうち6個は自明な結び目，残り2個は三葉結び目と，それを鏡に映したような結び目になります．交差交換した交差数の偶奇に応じて，符号 $\pm$ をつけて足し合わせます．

面白いことに，このような「交代和」は，そのまま $K_{m,1}$ の**ホモロジーサイクル**[3)]に拡張することができます．これ自体は以前から知られていましたが，三葉結び目の「交代和」をある方法で「ひねって」新しいホモロジーサイクルを作れることを示したのが，筆者の研究の出発点でした．それ以来，こうした「ひねり」がどれくらい $K_{m,n}$ の特徴を捉えるか，に主な関心があります．

さらに興味深いのは，S^n $(n \geqq 2)$ の埋め込みを考えるときにも，1次元の結び目の「交代和」が重要な役割を果たすということです．例えば S^3 から $\mathbb{R}^6$ へ

2）正確には結び目のイソトピー類のなす集合 $\mathcal{K}$ 上生成される自由加群 $\mathbb{Z}\mathcal{K}$ の元です．

3）$K_{m,1}$ に空いた「穴」のようなものと考えられ，$K_{m,1}$ の幾何学的な特徴を表すものです．

の埋め込みは，1 次元の結び目理論と非常に近い方法で研究できる上に，その分類が 20 世紀半ばには完成しています．高次元のほうが先に研究が完了するというのは不思議ですが，有名なポアンカレ予想もそうであるように，トポロジーではしばしば見られることです．より一般に S^{4k-1} から $\mathbb{R}^{6k}$ への埋め込みを考えると，その分類を三葉結び目の「交代和」を使って理解できる，という高瀬将道氏(成蹊大学)の理論があり，筆者はこれに $K_{6k,4k-1}$ のトポロジーの言葉で別解釈を与えることもできました．このときに現れるのも，やはり三葉結び目でした．

$K_{m,n}$ の研究において三葉結び目が現れる場面はほかにもあります．また三葉結び目だけが重要ということはなく，ほかの結び目について上記と同じようなことを考えれば，$K_{m,n}$ のかたちがよりはっきり見えてくることと思います．それでも，そのアイデアの源泉は三葉結び目にあります．三葉結び目はとても素朴な結び目ではありますが，それが示唆するものはまだまだたくさん汲み取れそうです．

$K3$ 曲面
最も平坦に近い非平坦な空間

服部広大
●慶應義塾大学理工学部

1……序

地球は丸い．このことは誰でも知っている常識である．なぜ私たちはこのことを当たり前のように知っているかと言えば，多くの人は宇宙空間から撮影された地球の全体写真が頭の中に浮かぶからであろう．しかし普段から地に足をつけて生きている我々の目には，大地や海はどこまでも無限に平たく続いているかのように見える．

人類が地球の丸さを認識するには，宇宙空間に出て地球の全貌を一望に収められる場所から眺める以外に方法はないだろうか．ここでは，地に足をつけたままの状態で「地球が平らでないこと」を認識する方法の一つを紹介する．

2……三角形を描いて丸さを認識する

まず最初に，大地が真っ平であると仮定しよう．この大地に三角形を描き，その辺に沿って１周する．我々は三角形を１周するときに，細長い棒を地面と水平にして持ちながら歩くことにする．ただし棒の先端は，どの方角でもよいので一定の方角を指し続けるように持つようにする．三角形の頂点に到達したときは我々は方向転換して新しい方角を目指して歩き始めるが，この際に棒の向きは変えないように気を付ける．このことに留意しながら三角形を１周すれば，スタート地点とゴール地点で棒の向きが変わらないことが分かるであろう．

次に同じことを，丸い地球上で実行する．スタート地点を北極点 A として，そこから赤道上の任意の点 B まで真っ直ぐ南下する道を作る．実際の地球には海や山があって道など到底作れないが，簡単のためすべて陸地であって山も谷も川もないと仮定しておく．また，北極点 A において，B へ向かう方角と直交する方角にもう一本の真っ直ぐな道を作る．こちらも赤道にぶつかるまで道を延ばし，赤道に到達したらその地点を C とする．また地点 B から C に向けて，赤道に沿った道を作る．これで地球上の大きな三角形 ABC が出来上がる．さて，北極点 A からスタートして B 方向に真っ直ぐ南下するが，このときに棒の向きはスタート地点 A においては B の方向を向けておく．すなわち辺 AB 上では棒の向きは常に前方を向くようにしておく．地点 B に到達したら次は C へ方向転換するが，この際に棒の向きを変えてはいけないので，辺 BC 上では棒は常に赤道と直交する向き(南極の方向)となる．地点 C で今度は北極点の方角に方向転換する．このときも棒の向きを変えてはいけないから，辺 CA 上では棒は進行方向と逆の方を向いている．この状態で北極点 A に戻ってくる．すると，ゴール地点では棒の向きは点 C に向いているので，スタート地点での棒の向きと 90 度のズレが生じることになる．もし地球が真っ平であればこのようなズレが生じるはずがないので，このズレこそ，地球が平らでないことの証である．ただしこの方法は，地球上の巨大な三角形を真っ直ぐ描くことができるという前提に立っているため，気軽に実践できるような方法ではないことを注意しておく．

3……ホロノミー群
空間の曲がり方を測る群

この考え方は，一般の n 次元リーマン多様体 (M, g) において拡張される．リーマン多様体とは曲面を高次元化した概念であり，具体的には多様体の各点の接空間上に内積を与えたものである．リーマン多様体上では，M 内の点 p を通る閉曲線 γ に対して，p の接ベクトル空間 T_pM のベクトル v を γ に沿って平行移動する，という概念が定義される．この概念は，上述の例において「棒を水平にして向きを保ったまま歩く」ことに対応する．平行移動されたベ

クトル $f(v)$ は再び p の接ベクトルとなるが，もとの v と一致するとは限らないので，線形変換 $f\colon T_pM \to T_pM$ を定める．この変換はリーマン計量が誘導する内積 g_p について等長的であるため，T_pM の正規直交基底によって f を行列表示すると，それは n 次直交行列となる．したがって，点 p を通る閉曲線 γ を与えるごとに，直交群

$$O(n) = \{A：実\, n\, 次正方行列 \mid {}^tA \cdot A = I_n\}$$

の元が対応する．閉曲線 γ をいろいろ取り替えて，上記のような f をすべて集めてきて閉包を取ることにより $O(n)$ の閉部分群 H_g が定まる．これをリーマン多様体 (M, g) のホロノミー群という．

(M, g) が n 次元ユークリッド空間であるとき，どのような閉曲線に対しても，それに沿う平行移動によって接ベクトル v は同じベクトル v に戻ってくる．これはつまり f が常に恒等変換であることを主張しており，ホロノミー群は単位行列のみからなる自明な群 $\{I_n\}$ であることを意味する．これは，ユークリッド空間が平坦(曲率がゼロ)であることが理由である．また H_g が離散的(すなわち０次元)であれば，(M, g) は平坦であることも分かる．このことから，H_g の次元が大きいほど多様体は「よく曲がっている」と考えられる．

ホロノミー群は，リーマン多様体を分類する一つの指標として用いられ，ベルジェの分類定理によってホロノミー群として実現しうる群は分類されている．実はほとんどの既約リーマン多様体のホロノミー群は $O(n)$ か $SO(n)$ ($O(n)$ の中で行列式が１のもの)であり，またユークリッド空間やトーラスのような平坦な多様体のホロノミー群は離散的である．そこで，

$$0 < \dim H_g < \dim O(n)$$

となるような中間的なホロノミー群を持つ既約リーマン多様体を，次元が低い場合から順番に見ていこう．実は $n = 1, 2, 3$ の場合は，このような中間的な次元のホロノミー群はベルジェの分類定理に現れない．

$n = 4$ のとき，初めて非自明な中間的次元のホロノミー群が現れる．まず，

$$U(2) = \{A：2\, 次の複素正方行列 \mid A^*A = I_2\},$$

$$SU(2) = \{A \in U(2) \mid \det A = 1\}$$

とする．$U(2)$ は $SO(4)$ のある閉部分群と同型であることが知られており，また上の定義から $SU(2)$ は $U(2)$ の閉部分群となるので，特に $O(4)$ の閉部分群

でもある．さらに

$$0 < \dim SU(2) < \dim U(2) < \dim O(4)$$

となる．このうち，$U(2)$ は複素 2 次元のケーラー多様体のホロノミー群であり，複素射影平面がそのようなホロノミー群を持つ例である．ケーラー多様体とは，複素多様体かつリーマン多様体であって，両者の構造がほどよく整合する空間である．

次に $SU(2)$ をホロノミー群とするリーマン多様体は，実 4 次元超ケーラー多様体と呼ばれる，局所的に四元数と関連づけられた構造を持つ多様体である．$SU(2)$ をホロノミー群とするリーマン多様体の例を構成するのは簡単ではないが，非コンパクトな例は 20 世紀中盤以降にタウブ-ナット計量，江口-ハンソン計量などが物理学者によって発見された．コンパクトな例の存在については，カラビ予想と呼ばれる複素多様体上の幾何解析の重要な未解決問題に帰着されていたが，1978 年にシン=トゥン・ヤウがこれを解決した．

さて，カラビ予想の解決によって，標準束が自明なコンパクト単連結ケーラー曲面上にはホロノミー群が $SU(2)$ となるようなリーマン計量が入ることが証明された．また，ホロノミー群が $SU(2)$ となるようなリーマン計量を許容する多様体はこのようなものに限られる．しかし小平-エンリケスによる分類から，そのような複素曲面は $K3$ 曲面というたった 1 種類しかないことが分かっている．

したがって，ホロノミー群がリーマン多様体の曲がり方を測っていると捉えるならば，$K3$ 曲面は 4 次元のリーマン多様体の中でも最も平坦に近いコンパクト非平坦リーマン多様体である，といえよう．また，$K3$ 曲面は多様体としては 1 種類だが，ホロノミー群が $SU(2)$ となるようなリーマン計量には自由度がある．この自由度を記述する空間のことをモジュライ空間というが，その幾何学的な構造もよく研究されている．

4……高次元

ここまでは 4 次元の話であった．高次元においても，中間的なホロノミー群を持つリーマン多様体にはいろいろな種類があり，カラビ-ヤウ多様体，超ケーラー多様体，G_2 多様体，Spin(7) 多様体などがある．これらは幾何学的にも重要な研究対象であり，現代に至るまでさまざまなアプローチによる研究が進んでいるが，まだまだ分からないことが数多く残されている．$K3$ 曲面上の幾何学は，これらの空間上の幾何学のモデルケースとなっていて，今もなお多くの研究者の興味を惹いている．

ポントリヤーギン曲面

$\dim(X\times Y)=\dim X+\dim Y$ が成り立たない!

小山 晃

●早稲田大学名誉教授

読者諸君はベクトル空間の次元の概念を学び，$\mathbb{R}^n$ が実ベクトル空間として n 次元であることを示した経験があると思う．しかし，位相空間の次元について学ぶ機会はほとんどなく，「ユークリッド空間 $\mathbb{R}^n$ が位相空間として n 次元か」と問うこともないだろう．この問いに答えるために位相空間の次元の枠組みを示し，次元の定義を考えてみよう．この枠組みでは，例えば，シヌソイド(図 1)

$$\{(x,y)\in\mathbb{R}^2 \mid 0<x\leqq 1,\ y=\sin(1/x),\ \text{または},\ x=0,\ -1\leqq y\leqq 1\}$$

のような多様体でも多面体でもない空間の次元を確かめることができる．

位相幾何学において「次元」という概念は直感的なこともあり古くから研究され，さまざまなタイプの次元が研究されているが，ここでの次元は「位相次

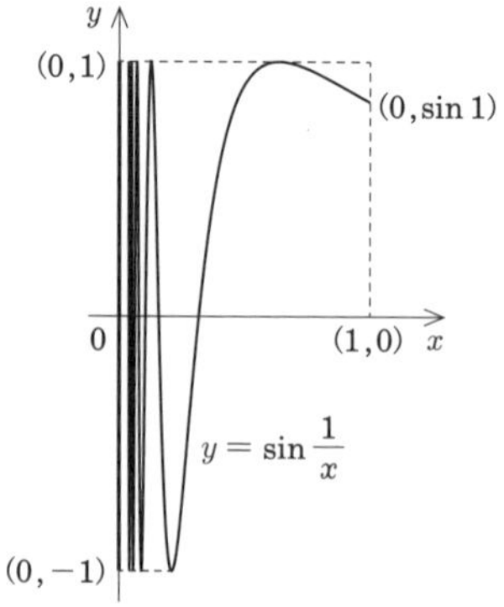

図1 シヌソイド

元」と呼ばれることもある概念である．また考察する位相空間は**可分距離空間**であることを仮定する．それでは私たちは，「空間の次元」はどのような性質をもつと考えるだろうか．例えば，次元は位相不変量であってほしい，$\mathbb{R}^n$ は絶対 n 次元のはず，などがある．位相空間 X の次元(dimension)を $\dim X$ と書くことにして，期待される性質を列挙してみよう．

(D1)　空間 X と Y が位相同型ならば，$\dim X = \dim Y$.

(D2)　$\dim\{0\} = 0,\ \dim \mathbb{R}^n = n$.

(D3)　空間 X の任意の部分空間 Y について，$\dim Y \leqq \dim X$.

(D4)　空間 X が閉部分集合 $X_1, X_2, \cdots$ の可算和であるとき，$\dim X \leqq \sup\{\dim X_i \mid i = 1, 2, \cdots\}$.

(D5)　空間 X に対して，$\dim \widetilde{X} = \dim X$ である距離付け可能なコンパクト化が存在する．

これらを満たす対応「次元」が実現できれば，n 次元位相多様体や n 次元多面体はたしかに n 次元であり，シヌソイドは単位閉区間 $[0, 1]$ と同相な可算個の部分集合の和集合なので，1 次元と結論づけられる．このような背景があると理解して，被覆次元と呼ばれる位相空間の次元の定義を見てみよう．

定義 1　空間 X の**被覆次元**が n 以下であるとは，X の任意の有限開被覆 $\mathcal{U}$ に対して，条件(C)を満たす $\mathcal{U}$ の細分である有限開被覆 $\mathcal{V} = \{V_i\}$ が存在することをいい，$\dim X \leqq n$ と書く．

(C)　$\mathcal{V}$ の任意の相異なる $n+2$ 個の元 $V_{i(1)}, \cdots, V_{i(n+2)}$ について，$\bigcap_{k=1}^{n+2} V_{i(k)} = \emptyset$ である．

$\dim X \leqq n$ かつ $\dim X > n-1$ であるとき，$\dim X = n$，また，すべての $n = 0, 1, \cdots$ について，$\dim X > n$ であるとき，$\dim X = \infty$ と定める．

被覆次元は性質(D1)から(D5)を満たすので，以降，被覆次元を単に次元と呼ぶ．性質(D2)は，**ルベーグの敷石定理**(次ページ図 2 参照)として知られている．

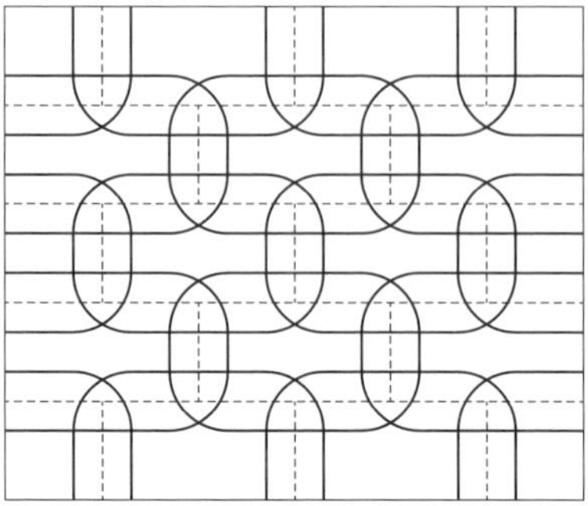

図 2　ルベーグの敷石定理 ($n = 2$)

次元の積定理とコホモロジー次元

積空間の次元について，次のことが知られている．

定理 2

（1） 任意の空間 X, Y について，$\dim(X \times Y) \leqq \dim X + \dim Y$ (次元の積定理)．

（2） 任意の空間 X について，$\dim(X \times [0,1]) = \dim X + 1$．

（3） 任意のコンパクト距離空間 X, Y について，$\dim Y \geqq 1$ ならば，$\dim(X \times Y) \geqq \dim X + 1$．

（4） $\dim(X \times Y) = 3$ である 2 次元コンパクト距離空間 X, Y が存在する．

定理 2 (2)は，X, Y が多面体や多様体ならば，$\dim(X \times Y) = \dim X + \dim Y$ が成り立つが，(4)は，一般には等号が成り立たないと言っている．不思議に思いませんか？　等式は基本的性質に，

(D6)　$\dim(X \times Y) = \dim X + \dim Y$

と加えてよいのでは，と思うほど自然に見える(ダメですが)．しかし，野生的

空間と呼ばれる複雑な空間，群作用による商空間や一般の分割空間など一筋縄では次元を決定できない空間があり，等式が成り立たないことがある．そのような複雑な空間の次元を計算する方法にコホモロジー次元論がある．

定義3　可換群 G とする．空間 X の G に関する**コホモロジー次元**を

$$\max\{n \geqq 0 \mid \check{H}^n(X, A\,;G) \neq 0 \text{ である閉部分集合 } A \subset X \text{ が存在する}\}$$

で定義し，$\dim_G X$ と書く．最大値が存在しないとき，$\dim_G X = \infty$ とする．

ここでの対象は一般の可分距離空間なのでチェックコホモロジー群を用いる．チェックホモロジー群は，単体的複体のホモロジー群を一般の位相空間へ拡張するために「脈複体」の概念を導入して展開された．チェックホモロジー群は，位相的な情報を的確に伝える．例えば，$\dim X = n$ ならば，$k > n$ でチェックホモロジー群 $\check{H}_k(X\,;\mathbb{Z}) = 0$ だが，特異ホモロジー群では $H_k(X\,;\mathbb{Z}) = 0$ とはかぎらない．コホモロジー群を鎖複体の双対をとることで導入する．チェックコホモロジー群はホモトピー論との相性がよく，現在の次元論ではチェックコホモロジー群を用いる．チェックコホモロジー群を $\check{H}^*(-\,;G)$，特異コホモロジー群を $H^*(-\,;G)$ と書く．

定理2(4)の例はポントリヤーギン(1930)による．彼が導入した2次元多面体の変形のアイディアは以後のさまざまな例の構成に非常に大きな影響を与えた．ドラニシュニコフ(1988)はそのアイディアを研ぎ澄まし，K-理論 $\widetilde{K}^*_{\mathbb{C}}(-\,;\mathbb{Z}_p)$ による $K(\mathbb{Z}, 3)$ の計算を用いて，50年余り未解決であったアレクサンドルフの問題「$\dim_{\mathbb{Z}} X < \infty$ である無限次元コンパクト距離空間 X が存在するか？」を解決した．私は，その解決に間近に接し，根底にあるポントリヤーギンの幾何的アイディアの明快さと現代の代数的トポロジーとの融合の素晴らしさに魅了され，コホモロジー次元論の研究へ舵を切った．以下で必要な事項を記し，ポントリヤーギンの構成を再現してみよう．

$\mathbb{Z}, \mathbb{Q}$ は自然な演算による整数群，有理数群とする．素数 p について，位数 p の巡回群を $\mathbb{Z}_p$，$\mathbb{Z}$ の p による局所化を $\mathbb{Z}_{(p)} = \left\{ \dfrac{m}{n} \in \mathbb{Q} \,\middle|\, n \text{ は } p \text{ で割り切れない} \right\}$ と書く．タイプ (G, n) のアイレンベルグ-マックレーン複体を $K(G, n)$ と書く．

定理 4　次の基本事項が成り立つ.

（1）　$\dim_{\mathbb{Z}_p} X \leqq \dim_{\mathbb{Z}_{(p)}} X \leqq \dim_{\mathbb{Z}} X \leqq \dim X$.

（2）　$\dim X < \infty$ ならば, $\dim_{\mathbb{Z}} X = \dim X$（アレクサンドルフの定理).

（3）　コンパクト距離空間 X について, $\dim_{\mathbb{Z}} X = \sup \{\dim_{\mathbb{Z}_{(p)}} X \mid p$：素数$\}$（ボックシュタインの定理).

ポントリヤーギン曲面の構成

素数 p **を法とするメビウスの帯**とは, $\mu_p\colon \mathbb{S}^1 \to \mathbb{S}^1$, $\mu_p(z) = z^p$ の写像柱 M_p, すなわち $(\mathbb{S}^1 \times [0,1] \sqcup \mathbb{S}^1)/\sim$, ただし, $(z,1) \sim \mu_p(z)$, $z \in \mathbb{S}^1$ をいう.

3 次元単体を $\varDelta^3$ として, $K_0 = \partial\varDelta^3$ と $\mathbb{S}^2$ を同一視する. $\partial\varDelta^3$ の標準的な単体分割を τ_0 とする. **すべての** 2 単体 $\varDelta \in \tau_0$ について, $\partial\varDelta$ と $\partial M_p = \mathbb{S}^1 \times \{0\}$ を同一視して, $\varDelta$ を $M_p = M_p^{\varDelta}$ で置き換え, K_1 とする. K_1 の十分に細かな単体分割をとり, τ_1 とする. また, 連続写像 $f_1\colon K_1 \to K_0$, $f_1|_{K_0^{(1)}} = \mathrm{id}_{K_0^{(1)}}$, $f_1(M_p^{\varDelta} \setminus \partial M_p^{\varDelta}) \subset \varDelta \setminus \partial\varDelta$ をとる.

次に, **すべての** 2 単体 $\varDelta_1 \in \tau_1$ に対して, $\partial\varDelta_1$ と ∂M_p を同一視して, $\varDelta_1$ を $M_p = M_p^{\varDelta_1}$ で置き換え, K_2 とする. K_2 の十分に細かな単体分割 τ_2 をとる.

このように 2 次元コンパクト多面体と連続写像からなる射影系 $\{K_i, f_i\}$ を帰納的に構成する(下図).

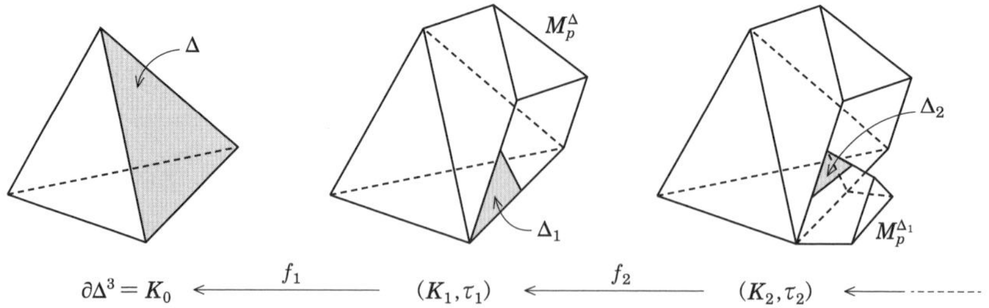

このとき, 射影的極限 $\Pi_p = \varprojlim \{K_i, f_i\}$ を, p **を法とするポントリヤーギン曲面**と呼ぶ.

連続写像 $f_i\colon K_i \to K_{i-1}$ は次の性質をもつ.

（P_1）　可換群 G は p-可除，すなわち $pG = G$ ならば，任意の部分複体 $L \subset K_{i-1}$ と連続写像 $\varphi\colon L \to K(G,1)$ に対して，$\varphi \circ f_i|_{f_i^{-1}(L)}\colon f_i^{-1}(L) \to K(G,1)$ は K_i へ拡張できる．

（P_2）　$f^*_i\colon H^2(K_{i-1}\,;\mathbb{Z}_p) \cong H^2(K_i\,;\mathbb{Z}_p)$.

(P_2)から，$\check{H}^2(\Pi_p\,;\mathbb{Z}_p) = H^2(K_0\,;\mathbb{Z}_p) = \mathbb{Z}_p \neq 0$.
よって，定理4(1)から，

$$2 \leqq \dim_{\mathbb{Z}_p}\Pi_p \leqq \dim_{\mathbb{Z}_{(p)}}\Pi_p \leqq \dim \Pi_p \leqq 2.$$

したがって，$\dim_{\mathbb{Z}_{(p)}}\Pi_p = \dim \Pi_p = 2$.

一方，任意の素数 $r \neq p$ の局所化 $\mathbb{Z}_{(r)}$ は p-可除だから，(P_1)から，

$$\dim_{\mathbb{Z}_{(r)}}\Pi_p = 1 \qquad (\dagger)$$

p, q を異なる素数とすると，任意の閉部分集合 $A \subset \Pi_p$, $B \subset \Pi_q$ と素数 r について，$(\dagger)$ より，$\check{H}^2(\Pi_p, A\,;\mathbb{Z}_{(r)}) = 0$ または $\check{H}^2(\Pi_q, B\,;\mathbb{Z}_{(r)}) = 0$．よって，普遍係数定理とキュネットの公式から，$\check{H}^4((\Pi_p, A)\times(\Pi_q, B)\,;\mathbb{Z}_{(r)}) = 0$.

したがって，アレクサンドルフの定理とボックシュタインの定理から，

$$\begin{aligned}\dim(\Pi_p\times\Pi_q) &= \dim_{\mathbb{Z}}(\Pi_p\times\Pi_q)\\ &= \sup\{\dim_{\mathbb{Z}_{(r)}}(\Pi_p\times\Pi_q) \mid r：素数\} \leqq 3.\end{aligned}$$

一方，定理2(3)から，$\dim(\Pi_p\times\Pi_q) \geqq 3$．ゆえに，$\dim(\Pi_p\times\Pi_q) = 3$ である．

ポントリャーギン曲面のような「不都合な性質」をもつ空間は整合性や美しさを求めると迷惑な存在かもしれないが，その複雑さは私にとって野生の魅力でもある．今後，このような複雑さをもつ空間に関心が向くことを期待している．

テンセグリティ構造

鳴川 肇
●慶應義塾大学環境情報学部

テンセグリティ構造というのは，建築家のバックミンスター・フラーが発明した構造物です(次ページ写真).「巨大な建築物を作れる」「史上最軽量」という触れ込みで，1962年に特許をとっています.

かたちとしては，全部で五角形が12個あります．正十二面体由来のものです．その五角形の間に三角形と六角形が入り，細かく分割されてできています．材料は長さ2種類の棒が合計90本と，1本の棒につながれた2本ずつの糸です．糸を介して棒と棒がつながっていますが，糸は全部ピンと張っていて，棒どうしは触れ合わずに宙に浮いています．絶妙なネットワークをもってすべての棒にテンション(張力)がかからないと，形になりません．力の均衡が保たれてやっと球体になっているのが魅力的で，今回「推し図形」に選びました．

棒が宙に浮いているので，作るのはものすごく難しい．作るときは，上から吊って組んでいきます．はじめは丸くならず広がっていくのですが，最後に丸くなる．何個も作っていますが，糸の長さの計算が正しかったかいつも不安になります．1 mm違っただけでフニャフニャで終わったり，最後の一本がどうしてもつながらなかったりする．最後にうまく接合されるとバシッと形が決まります．

一昔前に使っていた構造解析ソフトだと，コンピュータ上でこのかたちを作って解析しようとしてもできませんでした.「条件が合っていません，ブランブランのはずです」と返されてしまう．そういう現象が起きてしまうところも面白いです．今ではコンピュータでだいぶ構造解析できるようになりました．た

とえば川口健一先生（東京大学生産技術研究所）は建物として実用化しています．

私も設計して加工するのですが，設計と実際とはやはり違っていて，手を動かして「ここはもう少し短く」などやらないとわからない部分はたくさんあります．身体知として指先の感覚で探究しながら作らないと答えがわからないのです．

テンセグリティを写真でみたことある人はたくさんいますが，「糸を１本切るとどうなりますか？」と質問してみると，建築専門の先生でも「バラバラになってしまう，危なくて建築には使えない」などと言います．実は１本切ってもその部分が少し変形するだけで，応力が再配分されて，また安定します．切る場所を吟味すれば，3分の1から半分くらいの本数の糸を切っても，変形はするもののぺちゃんこにはなりません．そういうところはやってみた人にしかわかりません．

私の修士論文は，テンセグリティの作り方のマニュアルでした．模型のマニュアルを修士論文とするのは議論を呼びました(笑)．

バックミンスター・フラーは，テンションで建物を軽くすることに取り憑かれていました．よく引き合いに出されるのが，巨大な飛行船ツェッペリン号です．自転車の車輪みたいな構造になっていて，スポークのような細い鉄の引張り材でガッチリ固めて大西洋を横断できるようになっています．それを建築に応用できないかとフラーはいろいろ考えていたのです．

一方で，フラーはジオデシック・ドームという構造物も発明していました．たくさんの三角形でできた大きな球状の構造で，そのかたちの建築物が世界中に建てられています．あるとき，学校での教え子ケネス・スネルソンの彫刻を見て，ジオデシック・ドームのような構造をテンションで軽くすることを思いつき，テンセグリティを発想したのです．

ジオデシック・ドームは正二十面体の各面の三角形を分割したかたちですが，分割の仕方次第でいろいろなドームができます．テンセグリティ構造はこの技術の発展形なので，大きいものも小さいものも，同じようにいろいろな構造が作れます．

均等にテンションをかけると強度が上がるというのは，自転車の車輪と同じ効果です．ゴツくて重たかった馬車の車輪が，1, 2 mm のピアノ線を放射状に出しただけの軽いものになり，しかも体重 70 kg の男が乗って結構なスピードを出しても円形がまったく崩れない．それと同じ効果がさらに，テンセグリティ構造のようなものにまで発展するというのはすごいことです．

テンセグリティの球体は，ボールのように地面に突いて弾ませることもできます．これは，普通のボールでいう空気圧が棒に，外側の皮がテンションに置き換わっているとも説明できる．つまり，空気圧を棒の中に内包していると考えられるのです．そういうところも単なる図形ではなくて，物理が関係するので，とても面白いです．

2022 年頃，ザ・ノース・フェイス（アウトドア用具会社）の店舗の吹き抜けに，制作したテンセグリティを吊るして展示してもらったことがあります．棒はアルミで，紐はスチールのワイヤーにしました．でも，ワイヤーとはいえ，１年も展示すると必ず伸びてしまいます．そこで，テンションの張りがちょっと甘いなと思ったときに，棒が伸びるようにしました．建築でいうターンバックという部品の役割を担っています．ワイヤーの伸びは，理論的には考える必要がありませんが，実務的にはクリープといって，考慮しないとなりません．それによって，純粋な形が長い間展示できるようになる．面倒だけれど，こういうのも楽しいところです．

表現論のあるき方，ヤング図形のあそび方

西山 享
●青山学院大学理工学部

1……ヤング図形とヤング盤

ヤング図形は，単に正方形の箱を並べた「図形」で，箱を左詰め，上方詰めに並べる．いくつか例を挙げるとよくわかると思う．

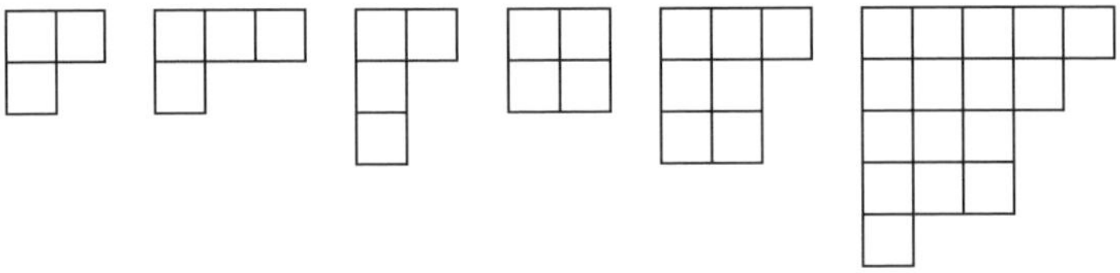

なぁんだ．これだと，箱なんか並べずに各行の箱の個数を数えて，例えば最後の図形は $(5, 4, 3, 3, 1)$ と書けば，わざわざ図に表す必要もない．しかし…それが違うのだ．

例えば，ヤング図形の**フロベニウス記法**を見てみよう．対角線の第 k 番目にある箱の右側にいくつの箱があるか(それを α_k とする)，下側にいくつあるか(β_k とする)を数えて，ヤング図形を $(\alpha ; \beta)$ と表すのがこの記法である．上のヤング図形 $(5, 4, 3, 3, 1)$ なら $(4, 2, 0 ; 4, 2, 1)$ となる．図を描かずにこれを行うのは至難の業だ．

フロベニウス記法と少し似ているのは**フック長**である．ヤング図形に現れる任意の箱 $v \in \lambda$ を取り，v の右方向に並んでいる箱と下方に並んでいる箱の v 自

身も勘定した総数を頂点が v のフック長と呼んで h_v で表す．箱 v を頂点とするフックはまるでピーターパンに登場するフック船長の義手のように鍵型に曲がっている．もし v が対角線に並んだ k 番目の箱なら，フロベニウス記法の α, β を用いて，$h_v = \alpha_k + \beta_k + 1$ である．

フック：

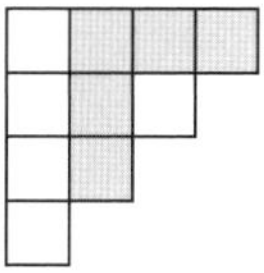

フック長を
書き込んだ
ヤング図形

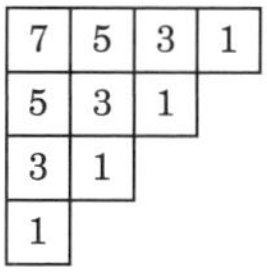

ヤング図形の箱には数字を入れたりできる．いや数字だけじゃなく，文字とか，文字以外の「何か」を入れてもよい．箱に数字や文字が入ったヤング図形を**ヤング盤**といい，ヤング盤の箱から入っているものを取り除いたヤング図形を盤の**台**と呼ぶ．

数字 $1, 2, \cdots$ を入れたヤング盤を考えよう．このとき，数字の並びが，右の行方向に狭義単調増加，縦の下に向かう方向にも狭義単調増加であるヤング盤を**標準盤**と呼ぶ．また右方向に広義単調増加（= が入ってもよい），下には狭義単調増加のとき**半標準盤**と呼ぶ．そんな七面倒臭いものを考えてなんか役に立つのかって？　それが大いに役に立つのである．下図の最初の三つの図形は標準盤，後ろの三つの図形は半標準盤の例である．

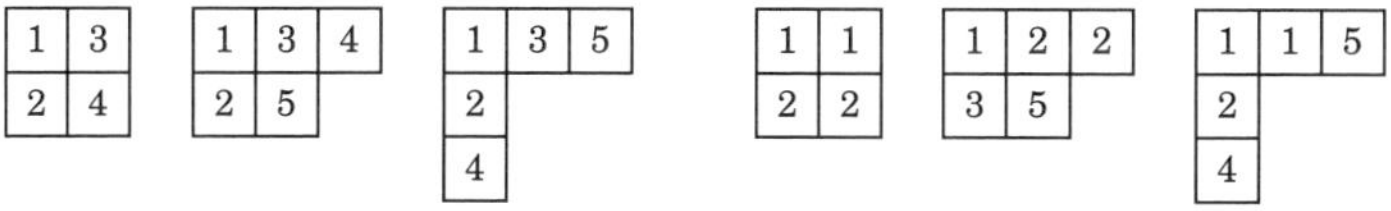

2……S_nとGL$_n$の表現

ヤング図形は数字の並びで表せるが，例えば $\lambda = (4, 3, 3, 2)$ という場合は $|\lambda| = 4+3+3+2 = 12$ を λ の**サイズ**と言って，λ を 12 の**分割**と呼ぶ．つまり，箱の総数が 12 である．また $\ell(\lambda) = 4$（ヤング図形の行数）とおいて，これを**長さ**

と言う．以下，サイズが n の分割と箱の個数が n のヤング図形は同一視しよう．

さて，サイズ n のヤング図形 λ は n の分割だから，対称群 S_n の共役類と一対一に対応する．S_n の共役類は**サイクルタイプ**，つまり，置換を互いに素な巡回置換へ分解し，その長さを並べたもので分類できる．サイクルタイプは分解の順序によらないから，大きさの順に並べると自然にヤング図形と対応する．

有限群の表現論の理論から，群の既約表現の個数と共役類の個数は同じだから，サイズが n のヤング図形は S_n の既約表現と一対一対応する!!　その既約表現を $(\sigma_\lambda, U_\lambda)$ と書こう．なんだ，それだけかと思うが，さにあらず．実は表現の基底までヤング図形 λ で作れてしまうのだ．

λ をサイズが n のヤング図形として，台が λ，箱に入っている数字が $[n] := \{1, 2, \cdots, n\}$ の標準盤全体を $\mathrm{ST}(\lambda)$ で表すと，各 $T \in \mathrm{ST}(\lambda)$ に対応するベクトル $u_T \in U_\lambda$ が定まり，$\{u_T \mid T \in \mathrm{ST}(\lambda)\}$ が表現 $(\sigma_\lambda, U_\lambda)$ の基底をなすのである．

実は表現空間の基底だけでなく，表現の作用素だって標準盤を用いて書ける．このようにして構成された S_n の既約表現を**シュペヒト加群**と呼んでいるが，“このページの余白は狭すぎてすべてを書くことは不可能である”．

次に，今度は長さが m の数字の並び

$$\mu = (\mu_1, \mu_2, \cdots, \mu_m) \qquad (\mu_1 \geqq \mu_2 \geqq \cdots \geqq \mu_m \geqq 0)$$

をとる．そうすると μ を**最高ウェイト**とする一般線型群 GL_m の既約有限次元表現がただ一つ定まり，それを (ρ_μ, V_μ) と書く．つまり，ヤング図形 μ には GL_m の既約表現が対応している!!

さて，ではその基底はどうだろう？　$\mathrm{SST}(\mu)$ を台が μ で箱に数字 $[m] = \{1, 2, \cdots, m\}$ を入れた半標準盤全体の集合とする．もちろん入れる数字は重複を許してもよい．すると，半標準盤 $T \in \mathrm{SST}(\mu)$ に対して，ベクトル $v_T \in V_\mu$ が構成できて，$\{v_T \mid T \in \mathrm{SST}(\mu)\}$ は表現空間 V_μ の基底をなす．表現の作用素も T を用いて具体的に書き下せる．このような構成の仕方を**ワイル加群**と呼ぶ．

基底が具体的に表されたからと言って何か理解が進むのか？　それが，やっぱり，大いに進むのである．例えば，表現の次元はヤング図形の標準盤や半標準盤の個数になる．この次元を具体的に与える公式もよく知られている．また，**シューア–ワイルの双対性**と呼ばれる表現論の面白い公式があって，これを使うと思いもかけぬ等式が得られる．

箱が一つだけのヤング図形を □ と書くと，$V_{\square}=\mathbb{C}^m$ (GL_m の自然表現)であるが，その n 階のテンソル積空間には左から GL_m の表現があり，右からテンソル積の成分の入れ替えで S_n が作用する．その既約分解は次のようになる．

$$(V_{\square})^{\otimes n} \simeq \bigoplus_{\lambda \vdash n} V_\lambda \otimes U_\lambda \tag{1}$$

では，次元を考えるとどうなるか？

$$m^n = \sum_{\lambda \vdash n} \#\mathrm{SST}(\lambda) \cdot \#\mathrm{ST}(\lambda)$$

これは数合わせの式だが，もっと具体的にヤング盤で書くと

$$[m]^n \simeq \{(T_1, T_2) \mid T_1 \in \mathrm{SST}(\lambda),\ T_2 \in \mathrm{ST}(\lambda)\} \qquad (\text{全単射}) \tag{2}$$

となる．$[m]^n$ は数字 $1, \cdots, m$ からなる長さが n の任意の列だから，そのような列に対して半標準盤と標準盤の組 (T_1, T_2) がただ一つ対応するというのである．この等式は表現論に深く分け入って行くともっと楽しくなる．というのも半標準盤の個数 $\#\mathrm{SST}(\lambda)$ と標準盤の個数 $\#\mathrm{ST}(\lambda)$ はそれぞれ**ワイルの次元公式**と**フック長公式**と呼ばれる公式があって具体的に書けるからである．

定理(ワイルの次元公式)　$m \geqq \ell(\lambda)=\ell$ のとき，$\tilde{\lambda}=\lambda+(m, m-1, m-2, \cdots, 3, 2, 1)$ とおくと，

$$\#\mathrm{SST}(\lambda) = \frac{\prod_{1 \leqq i<j \leqq m} (\tilde{\lambda}_i - \tilde{\lambda}_j)}{\prod_{1 \leqq i<j \leqq m} (j-i)} = \frac{\prod_{1 \leqq i<j \leqq m} (\lambda_i - \lambda_j + j - i)}{(m-1)! \cdot (m-2)! \cdot \cdots \cdot 3! \cdot 2! \cdot 1}.$$

ヤング図形 $\lambda \vdash n$ の箱 v を頂点とするフックの長さを h_v と書くと，次の等式が成り立つ．

定理(フック長の公式)　$\#\mathrm{ST}(\lambda) = \dfrac{n!}{\prod_{v \in \lambda} h_v}.$

読者諸兄は，これらの公式を(2)式に代入した式をちょっと書いてみてほしい．それがいかに非自明な式であるのかよくわかるだろう．

3……シューア多項式

半単純盤 $T \in \mathrm{SST}(\lambda)$ に対して，x^T を T に属する数字 k ごとに文字 x_k を掛けた単項式とする．例えば T が 1 節の最後の三つの標準盤なら x^T はそれぞれ $x_1^2x_2^2, \# x_1x_2^2x_3x_5, \# x_1^2x_2x_4x_5$ である．このとき $s_\lambda = \sum_{T \in \mathrm{SST}(\lambda)} x^T$ とおいて，これを**シューア多項式**と呼ぶ.

実はこの多項式，表現 $(\rho_\lambda, V_\lambda)$ の指標になっている．だから，$x_k = \cdots = x_m = 1$ とおくと，$s_\lambda(1, \cdots, 1) = \#\mathrm{SST}(\lambda)$ は表現の次元である．さて，シューア多項式の積は表現のテンソル積の指標にあたるから，テンソル積表現の既約分解をもとに考えると，$s_\lambda s_\mu$ はシューア多項式の一次結合になる．つまり

$$s_\lambda s_\mu = \sum_{T_1, T_2} x^{T_1}x^{T_2} = \sum_\nu c_{\lambda,\mu}^\nu s_\nu$$

である．もちろん $(T_1, T_2) \in \mathrm{SST}(\lambda) \times \mathrm{SST}(\mu)$ であって，$c_{\lambda,\mu}^\nu \in \mathbb{Z}_{\geqq 0}$ を**リトルウッド-リチャードソン係数**(LR 係数)と呼ぶ．LR 係数がゼロでないのは，ヤング図形 λ が ν に含まれている場合に限る．このとき ν/λ で ν から λ の部分を除いた**歪ヤング図形**を表そう．LR 係数はこの歪ヤング図形上で k を μ_k 個ずつ配置した半標準盤の個数に等しいのである!!　次の図は λ, μ, ν と ν/λ を台とする半単純盤の例である．(ν には λ を重ねて書いておいた.)

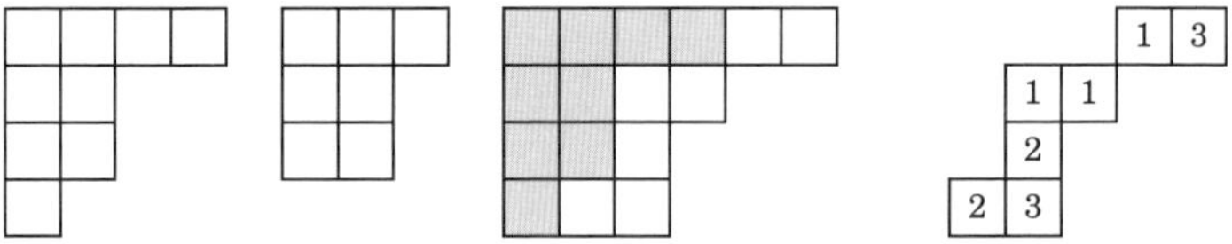

4……冪零軌道

ジョルダン標準形の理論では，任意の正方行列が**ジョルダン細胞** $J_k(\alpha)$ を対角線に並べたものと共役であることを学ぶ．ここで $J_k(\alpha)$ はサイズが k で対角線上に α が並び，そのすぐ上(副対角線)には 1 が，残りはすべてゼロという行列である．だから冪零行列，つまり $X^n = 0$ となるような行列は $J_k(0)$ が並ぶ

だけで，それはジョルダン細胞のサイズで決まる．つまり，冪零 n 次正方行列全体への GL_n の随伴作用による共役類(冪零軌道)と，サイズが n のヤング図形全体は一対一に対応する．

対称空間に付随した冪零軌道もあって，そのときは符号付きヤング図形が現れる[2]．GL_n のほかに古典群と呼ばれる行列群があるが，その冪零行列もジョルダン標準形で分類できて，やはりヤング図形と対応する．ただし，特別な形のヤング図形を考えなければならない．

5……スタインバーグ理論とRSK対応

有限群 G の群環 $\mathbb{C}[G]$ 上の正則表現にはすべての既約表現が現れ，左右からの積による $G\times G$ の表現として考えれば重複度1である．これを対称群の場合に書くと

$$\mathbb{C}[S_n] \simeq \sum_{\lambda\vdash n} U_\lambda \otimes U_\lambda^*$$

となる．既約表現 U_λ の基底が標準盤 $\mathrm{ST}(\lambda)$ で与えられるので，抽象的には全単射 $S_n \simeq \bigsqcup_{\lambda\vdash n} \mathrm{ST}(\lambda)^2$ があることになる．つまり各置換 $w\in S_n$ には標準盤の組 $(T_1, T_2)\in \mathrm{ST}(\lambda)^2$ が対応する！！

個数が一致しているだけでは感心しないが，なんとこの対応を組合せ論的に書き下した人がいる．発見者にちなんで，ロビンソン-シェンステッド対応(**RS 対応**)と呼ぶ．RS 対応は全単射対応(2)の特殊な場合であり，一般化がある(クヌースの名を加えて **RSK 対応**と呼ぶ)．置換の例 25413 と RSK 対応の例 43543 を挙げておこう．対応のだいたいの感じを次の図から摑んでもらいたい．

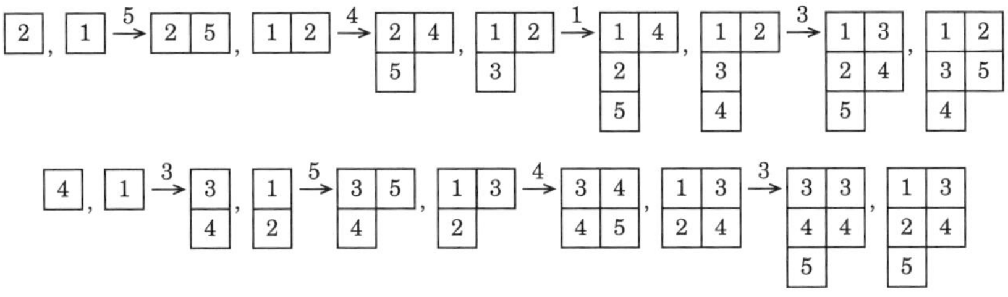

さて，ヤング図形はグラスマン多様体上のボレル部分群による軌道分解にも現れ（シューベルト解析），その一般化である旗多様体上の軌道分解（ブリュウア分解）もよく知られている．このとき，各軌道はワイル群（GL_n なら対称群 S_n）の元で分類され，RSK 対応によって各軌道上には標準盤の組がビルのように「立ち並んで」いる．ちょっと壮観な風景だ．

これをモーメント写像で落としたら何が起こるのか考えたのがスタインバーグだが，彼はモーメント写像の像がまさしく**同じヤング図形を持つ冪零軌道になる**ことを発見したのだった．なんという“偶然”だろう！！

最近私は，友人の L. Fresse とともに対称空間に付随した二重旗多様体の研究を行っている．このときは，ワイル群が退化して「部分置換」（置換行列のいくつかの 1 を 0 に置き換えたもの）が現れ，RSK 対応のさらなる一般化を考えることになる．おもしろいでしょ．ぜひ論文[1]を見てほしい．

もっと知りたい人のために：表現論の本には必ずヤング図形が出てくる．どの本でも手に取って眺めてみるとよい．ヤング図形・ヤング盤に関してはフルトンの著書[3]がスタンダードである．手に入りにくいが寺田至の本[4]も好著である．岡田聡一[5]も大いに参考になるはずである．

この原稿は青山学院大学での大学院講義をもとにした．RSK 対応の詳細や多数の例，文献も挙げてあるので下記 URL から講義録をご覧いただければ幸いである．www.math.aoyama.ac.jp/~kyo/index_math.html

参考文献

［1］Lucas Fresse and Kyo Nishiyama, A Generalization of Steinberg Theory and an Exotic Moment Map, *International Mathematics Research Notices*, 2022(1), 1-62, 2020-05-06. arXiv:2103.08460

［2］太田琢也・西山享，『代数群と軌道』，数学書房，2015.

［3］W. フルトン（池田岳・井上玲・岩尾慎介訳），『ヤング・タブロー：表現論と幾何への応用』，丸善出版，2019.

［4］寺田至，『ヤング図形のはなし』日本評論社，2002.

［5］岡田聡一，『古典群の表現論と組合せ論（上・下）』，培風館，2006.

第2部

私の選ぶ「とっておきの数式」

正 17 角形の作図

谷口 隆
●神戸大学大学院理学研究科

$$\cos\frac{2\pi}{17} = -\frac{1}{16} + \frac{1}{16}\sqrt{17} + \frac{1}{16}\sqrt{34-2\sqrt{17}}$$
$$+\frac{1}{8}\sqrt{17+3\sqrt{17}-\sqrt{34-2\sqrt{17}}-2\sqrt{34+2\sqrt{17}}}$$

ガウスが 18 歳のときに発見した式である．右辺が，整数から始めて，加減乗除と平方根の繰り返しによって表示されていることに注意しよう．一般に，与えられた長さの加減乗除と平方根は定規とコンパスで作図できるので，この式から 360° の 17 等分が作図できる．正 17 角形が作図できると言ってもよい．

ガウスのこの公式には実は多くの親類がいる．例えば次のような式たちだ．

$$\sin\frac{2\pi}{7} + \sin\frac{4\pi}{7} + \sin\frac{8\pi}{7} = \frac{\sqrt{7}}{2} \tag{1}$$

$$\cos\frac{2\pi}{13} + \cos\frac{6\pi}{13} + \cos\frac{18\pi}{13} = \frac{-1+\sqrt{13}}{4} \tag{2}$$

$$\sin\frac{2\pi}{13} + \sin\frac{6\pi}{13} + \sin\frac{18\pi}{13} = \frac{1}{4}\sqrt{26-6\sqrt{13}} \tag{3}$$

これらについて考えてみたい．

◆　◆　◆

まずは肩慣らしに，(1)を証明してみよう．

$$a=\cos\frac{2\pi}{7}+i\sin\frac{2\pi}{7}$$

とする．ド・モアブルの定理から

$$a^k=\cos\frac{2k\pi}{7}+i\sin\frac{2k\pi}{7}$$

だ．よって $A=a+a^2+a^4$ とおくと，(1)の左辺は A の虚部となる．A を求めることができるだろうか．そのために $B=a^3+a^5+a^6$ とおこう．$a^7=1$ すなわち $a^7-1=0$ であり，$a\neq 1$ だから，$a^6+a^5+a^4+a^3+a^2+a+1=0$ である．よって A,B の和は $A+B=-1$ である．一方で積 AB を計算してみると，

$$\begin{aligned}AB&=(a+a^2+a^4)(a^3+a^5+a^6)\\&=a^4+a^5+a^6+3a^7+a^8+a^9+a^{10}\\&=a^4+a^5+a^6+3+a+a^2+a^3=3-1=2\end{aligned}$$

と，こちらも a が消えた．解と係数の関係から A,B は $x^2+x+2=0$ の解である．$\mathrm{Im}(A)>0$ から

$$A=\frac{-1+\sqrt{7}i}{2},\qquad B=\frac{-1-\sqrt{7}i}{2}$$

である．これで(1)が得られた！

(2),(3)はどうすればよいだろう．概略を書くと次のようになる．今度は

$$b=\cos\frac{2\pi}{13}+i\sin\frac{2\pi}{13}$$

とし，まず

$$\begin{aligned}C&=b+b^3+b^4+b^9+b^{10}+b^{12},\\D&=b^2+b^5+b^6+b^7+b^8+b^{11}\end{aligned}\qquad(4)$$

とおく．上と同様に $C+D=-1$，$CD=\cdots=-3$ により C,D が

$$C=\frac{-1+\sqrt{13}}{2},\qquad D=\frac{-1-\sqrt{13}}{2}$$

と求まる．さらに C の和を，

$$\alpha = b+b^3+b^9, \qquad \beta = b^4+b^{10}+b^{12}$$

と分ける．$\alpha+\beta = C$ で，また $\alpha\beta = \cdots = 3+D$ だから，α, β は $x^2-Cx+3+D = 0$ の解である．符号をみて

$$\alpha = \frac{C+\sqrt{12+4D-C^2}\cdot i}{2} = \frac{-1+\sqrt{13}}{4}+\frac{1}{4}\sqrt{26-6\sqrt{13}}\cdot i$$

となる．これが(2)と(3)にあたる．

◆　◆　◆

これらの計算をもう一度振り返ってみよう．(1)の導出を見直すと，AB を計算していく過程で a が消えて 2 となったことが，証明のポイントになっていることに気づく．比較のため，例えば $A' = a+a^2+a^3$，$B' = a^4+a^5+a^6$ を考えてみよう．すると，和の $A'+B' = -1$ は同じだが，積 $A'B'$ の計算結果には a が残ってしまう．実は $a, a^2, a^3, a^4, a^5, a^6$ の 6 個を，積に a が残らないように 3 個ずつ 2 つの和に分けるただ 1 つの方法が，先の $A = a+a^2+a^4$，$B = a^3+a^5+a^6$ の組み合わせなのだ．

$b, \cdots, b^{12}$ の 12 個に関しても同様の事情がある．この 12 個は，(4)のように 6 個ずつの和 C, D に分けたときに限って，CD の計算結果に b が残らない．さらに，6 項からなる和 C を，和も積も C と D で表示できるような 3 個ずつ 2 つの和に分ける方法が，α と β だけなのである．

◆　◆　◆

そう，鍵は分け方にある．そしてこの分け方の一般的な方法こそ，ガウスが見出したものである．その理論的な根拠を示すことまではここではできないが，分け方を与える手順は簡単に説明できる．$a, a^2, a^3, a^4, a^5, a^6$ のときを例にとろう．3^n を 7 で割った余りを書き出すと，次の表のように，$n = 1, 2, 3, 4, 5, 6$ で，0 以外の余りがすべて現れる．

n	1	2	3	4	5	6
$3^n \pmod 7$	3	2	6	4	5	1

n が偶数のとき $3^n \pmod 7$ は $1, 2, 4$ で，n が奇数のとき $3^n \pmod 7$ は $3, 5, 6$ である．これが $A = a^1 + a^2 + a^4$ と $B = a^3 + a^5 + a^6$ という分け方の背後にある「数学的な構造」だ．

$b, \cdots, b^{12}$ の12個の場合を考えよう．2^n を13で割った余りを考えると，次の表のように，$1 \leqq n \leqq 12$ で，0以外の余りがすべて現れる．

n	1	2	3	4	5	6	7	8	9	10	11	12
$2^n \pmod{13}$	2	4	8	3	6	12	11	9	5	10	7	1

n を偶数と奇数で分けることが(4)の C と D に対応する．さらに偶数の n を，4で割った余りが0か2かで分けることが α と β に対応する．したがってまた，4で割った余りが1か3かで $\gamma = b^2 + b^5 + b^6$，$\delta = b^7 + b^8 + b^{11}$ と D を分けると，α, β と同様の計算が可能だ．

一般にどのような素数 p についても，$1 \leqq n \leqq p-1$ としたとき，r^n を p で割った余りが0以外すべてを尽くす――そんな整数 r が存在する．この r は『法 p の原始根』と呼ばれる．例えば $p = 7$ なら $r = 3$，$p = 13$ なら $r = 2$ がその例である．各 p に対し原始根は一般に複数あるが，どの原始根で考えても，上の手順による分け方は同一になる．ここまでくれば後は，地道な計算を遂行して，$\cos\dfrac{2\pi}{17}$ の公式に到達する．

◆　◆　◆

ガウスのこの発見で，方程式の研究は新しいステージに入った．それまでは，2次方程式が解ければ次は3次方程式，そして4次，5次，…と次数を上げていくのが自然だろうと漠然と考えられていた．しかしこの発見によって，そのような一般の方程式ではない，$x^n = 1$ という特別な形の方程式に，まずもって探究されるべき理論のあることが明らかになったのだ．ガウスのこの研究を土台に，アーベルは $x^n = 1$ の一般化として，後に『アーベル方程式』と呼ばれるようになる一群の方程式を発見する．それは，さらにガロアに引き継がれて，ついに高名な『ガロア理論』へと結実する道であった．

算術幾何平均に関する不変量

竹内慎吾
●芝浦工業大学システム理工学部

$$\int_0^{\pi/2} \frac{d\theta}{\sqrt{a^2\cos^2\theta + b^2\sin^2\theta}}$$
$$= \int_0^{\pi/2} \frac{d\theta}{\sqrt{((a+b)/2)^2\cos^2\theta + (\sqrt{ab})^2\sin^2\theta}} \qquad (1)$$

1798 年 5 月 30 日のガウスの日記には次のように書かれています([1]).

> 1 と $\sqrt{2}$ の間の算術幾何平均の値は π/ϖ に等しいことを，小数第 11 位まで確認した．このことが証明されたなら，解析におけるまったく新しい領域がまちがいなく切り開かれるであろう．

ここで π は円周率

$$\pi = 2\int_0^1 \frac{dt}{\sqrt{1-t^2}} = 3.14\cdots$$

であり，ϖ はレムニスケート定数

$$\varpi = 2\int_0^1 \frac{dt}{\sqrt{1-t^4}} = 2.62\cdots$$

を表します．また 1 と $\sqrt{2}$ の算術幾何平均とは，この 2 数から始めて算術平均

と幾何平均の2数を計算し続けると得られる共通の極限値のことで，ガウスはその値が $\pi/\varpi = 1.19\cdots$ に等しいと記しています．この神秘的な等式はその後にガウス自身が証明し，現在では多くの啓蒙書で紹介されています．私の選ぶとっておきの数式はこれではなく，この等式の証明に用いられる，冒頭に飾った恒等式(1)です．

(1)は2つの正数 a, b に対してそれらの算術平均 $(a+b)/2$，幾何平均 $\sqrt{ab}$ を対応させる写像に関する積分不変量を表しています．まるでシーソーが釣り合うような，絶妙なバランスで成り立っているところに私は魅力を感じています．(1)は第1種完全楕円積分に関するランデン変換というものと同値で，上述のガウスの等式はこれを繰り返し用いることで得られます．さらにガウスの等式とルジャンドルの関係式を組み合わせて，ブレントとサラミンは1976年，独立に π の強力な計算公式を導出しました．これが有名なガウス-ルジャンドルのアルゴリズムです．

(1)の証明ですが，もちろん被積分関数だけを変形してできるような代物ではありません．ガウスの施した置換積分は，ヤコビがその省かれた詳細を埋めていることからわかるように，あまり簡単なものではありませんでした．ところがニューマンという人が，1985年に発表したわずか4ページの論文[2]において，次の大変基本的な計算で(1)を示しています：まず(1)の左辺は，$b\tan\theta = x$ と置換すると

$$\int_0^\infty \frac{dx}{\sqrt{(x^2+a^2)(x^2+b^2)}} \tag{2}$$

と表せます．同様に(1)の右辺は

$$\frac{1}{2}\int_{-\infty}^\infty \frac{dy}{\sqrt{(y^2+((a+b)/2)^2)(y^2+ab)}} \tag{3}$$

と表せます．ここで(3)において，

$$y = \frac{1}{2}\left(x - \frac{ab}{x}\right) \tag{4}$$

と置換すれば，(3)が(2)に等しいことがわかるのです．手元にある近年出版された啓蒙書3冊はどれもこの証明を採用していましたが，ニューマンの名は残念ながら見当たりませんでしたので，ここに記しておきたいと思います．

さて，私は非線形の微分方程式を研究している者です．その私がなぜ算術幾何平均に興味を持ったのか，その経緯について述べたいと思います．

領域 $D\subset\mathbb{R}^n$ 上の同じ境界条件をもつ関数 u のうちで，ディリクレ積分 $\int_D|\nabla u|^2dx$ の値を最小にする u がラプラス方程式 $\Delta u=0$ を満たすことは，ディリクレの原理としてよく知られています．ここではこの積分を一般化した汎関数 $\int_D|\nabla u|^p dx$（$p>1$ は定数）を考えてみます．この汎関数を最小にする u は $\mathrm{div}(|\nabla u|^{p-2}\nabla u)=0$ を満たすことがわかります．この方程式を p ラプラス方程式，左辺を u の p ラプラシアンといい $\Delta_p u$ と表します．作用素 Δ_p は非線形で，数学的に自然な Δ の一般化であり，また非ニュートン流体の運動を記述する際に用いられる応用面もあるため，非線形微分方程式の分野では盛んに研究されています．

特に1次元 p ラプラシアン $\Delta_p u=(|u'|^{p-2}u')'$ に関する初期値問題

$$(|u'|^{p-2}u')'+(p-1)|u|^{p-2}u=0,$$

$$u(0)=0,\qquad u'(0)=1$$

の一意解を $\sin_p x$ で表し，その導関数を $\cos_p x$，周期を $2\pi_p$ で表します．これらは Δ_p の固有値と固有関数を表現するのに便利で，$\Delta_p u$ を含む方程式の研究ではよく用いられます．$p=2$ のときはそれぞれ通常の $\sin x, \cos x, 2\pi$ と一致することから「一般化三角関数」「一般化円周率」などとよばれています．三角関数の一般化らしく

$$|\cos_p x|^p+|\sin_p x|^p=1$$

が成り立つことが大きな特徴です．

私は数年前，円周率の一般化であるこの π_p について，ガウス-ルジャンドル型のアルゴリズムを導出することを思い立ちました．そのためには，(1)に似た次の等式が成り立つようなある種の写像 $(a,b)\mapsto(f(a,b),g(a,b))$ を見つけることが本質的になります．

$$\int_0^{\pi_p/2}\frac{a^{p-2}}{(a^p\cos_p^p\theta+b^p\sin_p^p\theta)^{1-1/p}}d\theta$$

$$=\int_0^{\pi_p/2}\frac{(f(a,b))^{p-2}}{((f(a,b))^p\cos_p^p\theta+(g(a,b))^p\sin_p^p\theta)^{1-1/p}}d\theta. \tag{5}$$

ただし $a\geqq b>0$ とします．$p=2$ のときは

$$f(a,b)=\frac{a+b}{2},\quad g(a,b)=\sqrt{ab}$$

とすれば(5)が成り立つというのが(1)の主張です．$p=3,4$ のときはそれぞれ f,g を次のようにすれば(5)が成り立つということが，超幾何関数に関するラマヌジャンの変換公式を用いることで示せます．

$$f(a,b)=\frac{a+2b}{3},\qquad g(a,b)=\sqrt[3]{\frac{(a^2+ab+b^2)b}{3}};$$

$$f(a,b)=\sqrt{\frac{a^2+3b^2}{4}},\quad g(a,b)=\sqrt[4]{\frac{(a^2+b^2)b^2}{2}}.$$

ただし，それらが(4)のような置換積分で証明できるかどうかはわかっていません．さらに，$\sin_p x$ と π_p を用いて一般化した完全楕円積分について，任意の $p>1$ に対するルジャンドル型の関係式を得ることができます．

こうして π_3, π_4 のアルゴリズム([3], [4])が得られるのですが，その他の p に対する π_p については得られていません．また例えば $\sin_p x$ の加法定理も知られていないようです．背景にあるはずの数論の歴史に押しつぶされそうになりながら，私にとって“まったく新しい領域”が切り開かれてきたところです．ここで得た知見を非線形微分方程式の研究に活かすことを考えています．

参考文献

[1] 高瀬正仁訳・解説，『ガウスの《数学日記》』日本評論社，2013年．

[2] D. J. Newman, A simplified version of the fast algorithms of Brent and Salamin. *Math. Comp.* **44** (1985), no. 169, 207–210.

[3] S. Takeuchi, A new form of the generalized complete elliptic integrals. *Kodai Math. J.* **39** (2016), no. 1, 202–226.

[4] S. Takeuchi, Complete p-elliptic integrals and a computation formula of π_p for $p=4$. *Ramanujan J.* **46** (2018), no. 2, 309–321.

オイラーの公式とその応用

小関健太
●横浜国立大学大学院環境情報研究院

$$|V(G)|-|E(G)|+|F(G)|=2$$

平面グラフでは，図 1（次ページ）のように，• で**頂点**が，それらを結ぶ直線で**辺**が，頂点と辺で分割された各領域で**面**が，それぞれ表されます．また，連結な平面グラフ G に対し，G の**頂点集合**，**辺集合**，**面集合**をそれぞれ $V(G)$, $E(G)$, $F(G)$ と書きます．これに対しての等式

$$|V(G)|-|E(G)|+|F(G)|=2$$

が，有名な**オイラーの公式**です[1]．なお，$|\cdot|$ でそれぞれの集合の要素数を表しています．図 1 の例では，$|V(G)|=11$, $|E(G)|=17$ かつ $|F(G)|=8$ ですので，たしかに成り立ちます．簡単な式ではありますがさまざまな帰結が得らる強力な道具であり，本稿ではその例として二つの**彩色**の結果を紹介します．

ここで，グラフの頂点への色の割り当てで，隣接するどの 2 頂点も異なる色となるものを，そのグラフの**彩色**と呼びます．

1）ほかと区別するため，**オイラーの多面体公式**とも呼ばれますが，本稿では単にオイラーの公式と呼ぶことにします．

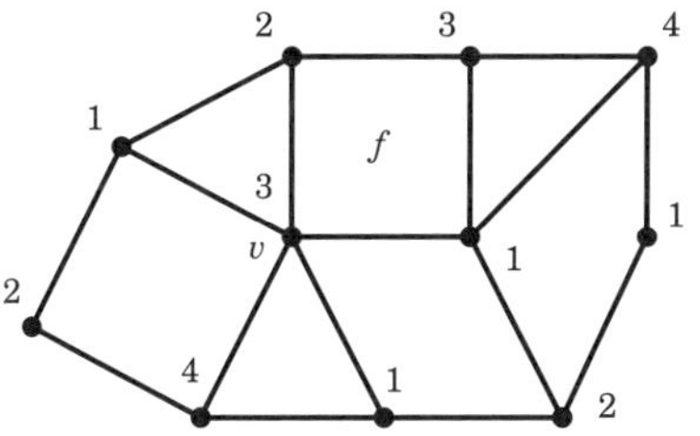

図 1　平面グラフと色 1〜4 による 4 色での彩色.

オイラーの公式の変形

グラフ G の各頂点 v に対し，v に接続する辺の本数をその頂点の**次数**といい $d_G(v)$ と書き，また，各面 f に対し，f の境界の辺の本数をその面の**次数**といい $d_G(f)$ と書くことにします[2]．例えば，図 1 では $d_G(v)=5$ かつ $d_G(f)=4$ です．

頂点の次数の合計 $\sum_{v\in V(G)} d_G(v)$ を考えると，各辺はその両端点からちょうど 2 回数えられるため，

$$\sum_{v\in V(G)} d_G(v) = 2|E(G)|$$

が，また同様に，各辺はちょうど二つの面の境界に属すため，

$$\sum_{f\in F(G)} d_G(f) = 2|E(G)|$$

がそれぞれ得られます[3]．したがって，オイラーの公式の両辺を (-6) 倍して，

$$\begin{aligned}
-12 &= -6|V(G)|+6|E(G)|-6|F(G)| \\
&= \Bigl(-6|V(G)|+\sum_{v\in V(G)} d_G(v)\Bigr)+\Bigl(2\Bigl(\sum_{f\in F(G)} d_G(f)\Bigr)-6|F(G)|\Bigr) \\
&= \sum_{v\in V(G)} (d_G(v)-6)+\sum_{f\in F(G)} (2d_G(f)-6) \qquad \text{(a)}
\end{aligned}$$

2）この二つの次数はある種の双対の関係にあります.
3）グラフ理論では**握手補題**という名前で知られています.

が成り立ちます．この等式(a)を用いて平面グラフの彩色をしましょう．

6色定理の証明

ここで，どのようなグラフ G でも2角形はありえないので，すべての面 f で $2d_G(f)-6 \geqq 0$ が成り立ちます．したがって等式(a)より，

$$\sum_{v \in V(G)} (d_G(v)-6) \leqq -12$$

であり，ある頂点 v で $d_G(v)-6<0$ となります．すなわち，次の補題が証明できました．

補題 1　任意の平面グラフには次数が5以下の頂点が存在する．

この補題から次の彩色の結果が得られます．

定理 2　任意の平面グラフは6色以下で彩色できる．

証明　頂点数の帰納法で示します．グラフが6頂点以下の場合は簡単に彩色できます．

補題1より，任意の平面グラフ G には次数が5以下の頂点 v が存在します．ここで，G から頂点 v を取り除いて得られるグラフ $G-v$ はやはり平面グラフであるため，帰納法の仮定より $G-v$ は6色以下で彩色できます．この彩色をそのまま G に適用しましょう．ここで，v に隣接する頂点は5個以下であるため，6色のうちで，その頂点たちに使われていない色が少なくとも1色は存在します．図2(次ページ)にあるように，この色を v に与えることで G の彩色が得られました．　□

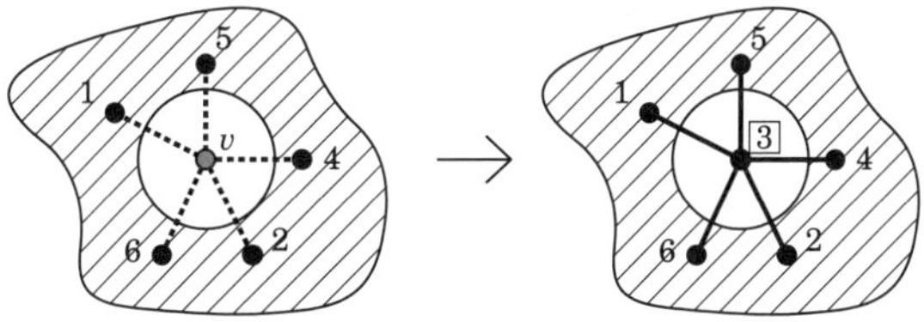

図2　$G-v$（斜線部）の6色での彩色（左図）とその G への拡張（右図）．

平面グラフの6色以下での彩色が簡単な帰納法で得られました．もちろん，現在では「4色以下での彩色が可能である」という**4色定理**が証明されていますが，その証明にも上のアイデアが登場しています．

3色定理の証明

等式(a)を使うもう少し複雑な例として，次の定理を示しましょう．

定理3　次の条件(*)を満たす平面グラフは3色以下で彩色できる．
　(*)　長さが4以上11以下の閉路が存在しない．

定理3は，次の補題4を補題1の代わりに用いることで，定理2と同様の方法で証明できます．したがって補題4を示せば十分です．

補題4　条件(*)を満たす平面グラフには次数が2以下の頂点が存在する．

証明　条件(*)を満たすある平面グラフ G において「すべての頂点で次数が3以上である」と仮定し，矛盾を導きます．

まず，各頂点 v と各面 f に次のような値 $ch(v)$ と $ch(f)$ を与えます．これを**(初期)電荷**と呼びます．

$$ch(v) = d_G(v)-6, \qquad ch(f) = 2d_G(f)-6.$$

これに対し，等式(a)より次が成り立ちます．

$$\sum_{x \in V(G) \cup F(G)} ch(x) = -12.$$

ここで，三角形以外の各面 f は接続する各頂点に $\frac{3}{2}$ ずつ電荷を渡すことにします[4]．この操作後の各頂点または面 x の電荷の値を $ch^*(x)$ と表しましょう．この電荷の受け渡しではその総量は変化しないため，上の式より，

$$\sum_{x \in V(G) \cup F(G)} ch^*(x) = \sum_{x \in V(G) \cup F(G)} ch(x) = -12 \tag{b}$$

が得られます．

ここで各頂点 v に注目します．v には $d_G(v)$ 個の面が接続しています．もし v のまわりで三角形面が連続して現れているとすると，その二つの面は辺を共有し長さ 4 の閉路を持ちますが，これは条件(∗)に反します．したがって，三角形面が連続して現れることはなく，v は少なくとも $\left\lceil \frac{d_G(v)}{2} \right\rceil$ 個の三角形以外の面と接続しています[5]．v はこのそれぞれの面から $\frac{3}{2}$ の電荷を受け取るため，初期電荷が $d_G(v)-6$ であることから，次の式が得られます[6]．

$$ch^*(v) \geqq (d_G(v)-6)+\frac{3}{2}\cdot\left\lceil \frac{d_G(v)}{2} \right\rceil \geqq 0.$$

各面 f ではどうでしょうか．f が三角形面の場合は電荷の受け渡しがありませんから，

$$ch^*(f) = ch(f) = 2d_G(f)-6 = 0$$

となります．一方で，f が三角形面ではない場合は，f は接続する $d_G(f)$ 個の頂点それぞれに $\frac{3}{2}$ ずつ電荷を与えるので，初期電荷が $2d_G(f)-6$ であることから次が成り立ちます．

$$ch^*(f) = (2d_G(f)-6)-\frac{3}{2}\cdot d_G(f) = \frac{1}{2}\cdot d_G(f)-6 \geqq 0.$$

最後の不等号は，条件(∗)より $d_G(f) \geqq 12$ であることから得られます．

4）**放電**と呼ばれる操作です．

5）$\lceil\cdot\rceil$ は小数点以下の切り上げを表しています．

6）最後の不等号は $d_G(v) \geqq 3$ より得られます．特に，$d_G(v) = 3$ のとき，かつそのときに限り，等号が成り立ちます．

以上より，任意の頂点または面 x において $ch^*(x) \geqq 0$ が得られました．したがって，

$$\sum_{x \in V(G) \cup F(G)} ch^*(x) \geqq 0$$

が成り立ちますが，これは等式(b)に矛盾しています．これで補題4の証明が完了しました． □

なお，定理3の条件(∗)は最善ではなく，「長さが4以上7以下の閉路が存在しない」としても正しいことが示されています．一方で，「条件(∗)の“11以下”を“5以下”にしても正しい」という命題はSteinberg予想[2]として知られていましたが，2017年に反例が見つかりました[1]．したがって，残る問題は「長さが4以上6以下の閉路が存在しない」場合のみになります．

まとめ

本稿では，オイラーの公式を使う例として，二つの彩色の例を紹介しました．どちらも簡単な計算のみで十分な，見事な証明だと思います．

オイラーの公式は，簡単な式ながらこのような豊かな応用があり，グラフ理論の研究における非常に強力な道具となっています．

参考文献

[1] V. Cohen-Addad, M. Hebdige, D. Kral', Z. Li, and E. Salgado, Steinberg's Conjecture is false, *J. Comb. Theory. Ser. B.* 122 (2017) 452–456.

[2] R. Steinberg, The state of the three color problem, in: J. Gimbel, J. W. Kennedy, L. V. Quintas (Eds.), Quo Vadis, Graph Theory?, *Annals Discrete Math.* 55 (1993) 211–248.

五角数定理

渋川元樹
●神戸大学大学院理学研究科

$|q|<1$ の複素数とする．このとき，

$$\prod_{k=1}^{\infty}(1-q^k)=\sum_{n\in\mathbb{Z}}(-1)^n q^{\frac{3n^2-n}{2}}. \tag{1}$$

当初はこれの一般化にあたるヤコビの三重積公式

$$\prod_{k=1}^{\infty}(1-q^k)(1-q^{k-\frac{1}{2}}z)(1-q^{k-\frac{1}{2}}z^{-1})=\sum_{n\in\mathbb{Z}}(-1)^n q^{\frac{n^2}{2}}z^n$$

の方を取り上げようかとも思ったが，一行に収まらないし[1]，「味わいやすさ」と「個人的な思い入れ」も五角数定理の方が上だったので，こちらにした[2]．

この数式の魅力は，まずなんといっても「全年齢対象」ということである．

1）（単行本版注）初出の雑誌では収まらなかった．

2）名前の由来は(1)の和の肩に乗っているベキが五角数だからである．ちなみに“三角数定理”や“四角数定理”はいわゆるテータ零値というものになっていて重要だが，一般に m 角数

$$\frac{(m-2)n^2-(m-4)n}{2}$$

について同様の公式を考えてみても，ヤコビの三重積公式で $q\mapsto q^{m-2}$，$z\mapsto q^{\frac{4-m}{2}}$ に置き換えたものにすぎないので，大したことはないと思われる．もし $m>5$ 以上で“m 角数定理”の意味を知っている人がいたら教えて欲しい．

実際，定理のチェックや証明に必要最低限の知識は「式の展開」のみであり，中高生から「大きいおともだち」までみんなが楽しめる．一応簡単な楽しみ方は次のようなものである．

- $\prod_{k=1}^{N}(1-q^k)$ を考えると，展開した項はかなりたくさん(2^N 個)出てくるはずだが，なぜかほとんど打ち消されて項が残らない．
- さらに生き残る項もわかり，その係数は ± 1 のみ．

この定理を発見し，証明したのはオイラーである．例によってオイラーらしい「神技」だが，これもやはり「全年齢対象」である[3]．

五角数定理の簡単な応用として，分割数[4]

$$p(n) := \text{自然数 } n \text{ を正の整数で表す個数}$$

の関係式

$$p(n) = \sum_{k\in\mathbb{Z}}(-1)^k p\left(n-\frac{3k^2-k}{2}\right)$$

が得られる．これは $p(n)$ の母函数がちょうど(1)の逆数

$$\prod_{k=1}^{\infty}(1-q^k)^{-1} = \sum_{n=0}^{\infty} p(n)q^n$$

であることに注意すればよい．

以上はオイラーも知っていたが，もう少し上級者向けとしては以下のような楽しみ方がある．

1．保型形式の等式としての解釈
2．“ナニカ”の指標(or 分母)公式としての解釈
3．組合せ論的解釈
4．q 超幾何函数の変換公式，和公式としての解釈

3）日本語で読めるものとしては，山下純一『数学の微笑み』(現代数学社)第8章，もしくは森本清吾『数論』(共立出版)pp. 163-164 などを参照．

4）ただし $p(0)=1$，n が負のときは0とする．

例えば 1. だが，これを五角数定理の場合に標語的にいえば

エータ函数 ＝ テータ函数(の特殊化)

という等式になる．つまり左辺と右辺の 2 つの函数が同じ変換性(保型性)を持った($q=e^{2\pi\sqrt{-1}\tau}$ としたときの τ についての上半平面上の)正則函数(保型形式)で，今はそれが完全に一致しているということを意味している．より素朴に言えば，函数論(リュービルの定理)による五角数定理の証明の変奏にあたる．この文脈から行くと，変換性を別のもの[5]に取り替えると同種の数式がたくさん得られる．

2. はより曰く言いがたい．ここで述べた“ナニカ”とは例えばカッツ-ムーディー代数やヴィラソロ代数といった綺麗な無限次元(リー)代数達のことであり，指標公式とはその“ナニカ”の良いクラスの表現[6]のウェイト空間の次元の母函数である．例えば一番易しい例は，アフィンリー代数 $A_1^{(1)}$ の指標(の分母)公式であり，これを具体的に書き下すとヤコビの三重積公式そのものになっている[7]．五角数定理との関連は，三重積の特殊化でもよいが，直接にはヴィラソロ代数の極小表現の指標公式の一番簡単なものという解釈ができる[8]．で，例によって“ナニカ”とその表現とを取ってくる(そして具体的に書き下す)ごとにこの手の公式が得られる．

3. は一番素朴だが，見かけの素朴さに反してこれまた奥深い．ある正の整数 m を相異なる偶数個の正整数の和で表す個数を $p_{\mathrm{even}}(m)$，相異なる奇数個の正整数の和で表す個数を $p_{\mathrm{odd}}(m)$ とすると，

$$\prod_{k=1}^{\infty}(1-q^k)=\sum_{m=1}^{\infty}(p_{\mathrm{even}}(m)-p_{\mathrm{odd}}(m))q^m$$

となることはすぐにわかる．なので五角数定理は整数 n について

---

5) モジュラー群を取り替える，あるいはレベルや重さをいじるなど．

6) 可積分表現や許容表現，あるいは極小表現など．

7) 山田裕史『組合せ論プロムナード』(日本評論社)第 5 講，もしくは脇本実『無限次元リー環』(岩波書店)第 3 章 6 節参照．

8) 山田泰彦『共形場理論入門』(培風館) p. 76，もしくは荒川知幸「無限の対称性をめぐって」『平成 24 年度(第 34 回)数学入門公開講座テキスト』(京都大学数理解析研究所)参照．

$$p_{\mathrm{even}}(m)-p_{\mathrm{odd}}(m)=\begin{cases}(-1)^n & \left(m=\dfrac{3n^2-n}{2}\right)\\ 0 & (\text{その他})\end{cases}$$

が成り立つことと同値である．後は純粋に組合せ(整数の分割)の問題としてこれを解けばよい．このオイラーが気付いていてもおかしくなさそうな証明は19世紀末のF.フランクリンによるとされるが[9]，展開した項が打ち消される様子，あるいは「なぜ五角数が出てくるのか」がわかるという点で興味深い．この変奏としては別の整数の分割とその母函数との対応がある．

4.は五角数定理を，もっと一般のq超幾何函数の変換公式(スレーター，ベイリー，ワトソン)や和公式(ジャクソン，ベイリー)の特殊化として捉えるというものである[10]．これは恐らく一番融通が効いてバリエーションが豊富な拡張になっており，ドーガル，ディクソンなどの名を冠した和公式のq類似やロジャーズ-ラマヌジャンの恒等式といった有名どころの数式たちも五角数定理の親兄弟であることがわかる．

以上，4種の五角数定理の背景，解釈と楽しみ方の概略を簡単に述べた．これが5つあれば完璧だったと思うが，私はこの4つしか知らない[11]．というわけで，5つ目の楽しみ方は各人にお任せして，本稿は終わる．

9）J.アンドリュース，K.エリクソン著，佐藤文広訳『整数の分割』(数学書房)第3章5節参照.

10）G. Gasper and M. Rahman『Basic Hypergeometric Series, Second edition』(Cambridge University Press)Exercise 2.18.

11）しいて言えば，梅田亨「五角数定理の証明250年」(『数学セミナー』2000年5月号，黒川信重編『ゼータ研究所だより』(日本評論社)収録)が第5の解釈か？

“名画”ナヴィエ-ストークス方程式

ある鑑賞法

坂上貴之

●京都大学大学院理学研究科

$$\partial_t \boldsymbol{u} + (\boldsymbol{u}\cdot\nabla)\boldsymbol{u} = -\frac{1}{p}\nabla p + \nu\Delta\boldsymbol{u} + \boldsymbol{f}, \qquad \mathrm{div}\,\boldsymbol{u} = 0$$

まず告白しておきたい．私が数学を通して知りたいことは，複雑だが美しいパターンを見せる流れ，その美と理である．その意味では，この方程式は流体モデルという単なる「手段」にすぎず，これが流れの本質を捉えねば捨てればよいと思っている．しかし，この方程式の研究を進めれば進めるほど，概ね正しいモデルにしか見えない．また同時に，この方程式はいつも流れについて重要なことを「少し」教えてくれるが，そのすべてを明らかにはしてくれない．捉えどころのない実に魅惑的な研究対象なのである．

私にとって，この方程式の研究は，名画の鑑賞と近いようにも思える．例えば，モナ・リザ．一説によれば，この絵が人々を惹き付けるのは，彼女の微笑みには「人間の表情」そのものが描かれているからだそうだ．この絵を見るとき，私たちは，ときに近づきその細部を観察し，ときに離れて全体の構図を俯瞰し，人間の表情(鑑賞者の心の内面といってもいい)と飽きることなく向き合う．

この類推から，この方程式を「鑑る」面白さと難しさについて最近の研究事例を紹介したい．“乱流”と呼ばれる流れ現象がある．非常に乱れた流れだが，その統計的性質には美しいスケール則(秩序)が存在する．例えば，運動エネルギー密度のスペクトル $E(k)$ の統計平均は $\langle E(k)\rangle \sim k^{-5/3}$ (k はフーリエ波数の大きさ)に従う．これは図1(a)のように多くの現実の流れで観察され，物理的には次のように説明される：方程式の右辺第一項は流体の摩擦の効果を表し，波数空間では高波数成分ほど強くエネルギーを散逸させる．右辺第二項の外力は低波数領域でエネルギーを注入する．それらの間の領域(慣性領域と呼ばれる)では，左辺第二項の移流項が図1(a)のように一定の傾き $-5/3$ で低波数から高波数側へエネルギーを「バケツリレー」する．これをエネルギーの「カスケード現象」と呼び，方程式の数値計算でもよく確認できる．しかし，「数値計算したらそうなった」では不十分で，私はその現象の数理的な構造を理解したい．そこで，渦度を $\boldsymbol{\omega} = \nabla \times \boldsymbol{u}$ と定義し，方程式から

$$\partial_t \boldsymbol{\omega} + (\boldsymbol{u} \cdot \nabla)\boldsymbol{\omega} - \boldsymbol{\omega} \cdot \nabla \boldsymbol{u} = \nu \nabla^2 \boldsymbol{\omega} + \nabla \times \boldsymbol{f}, \qquad \boldsymbol{u} = \mathscr{D}(\boldsymbol{\omega})$$

なる渦度方程式($\mathscr{D}$ は Biot-Savart 作用素)を作る．各項は左から渦度の時間変化率，移流項，伸長項，粘性項，外力で．これらの項の「絶妙な」バランスに

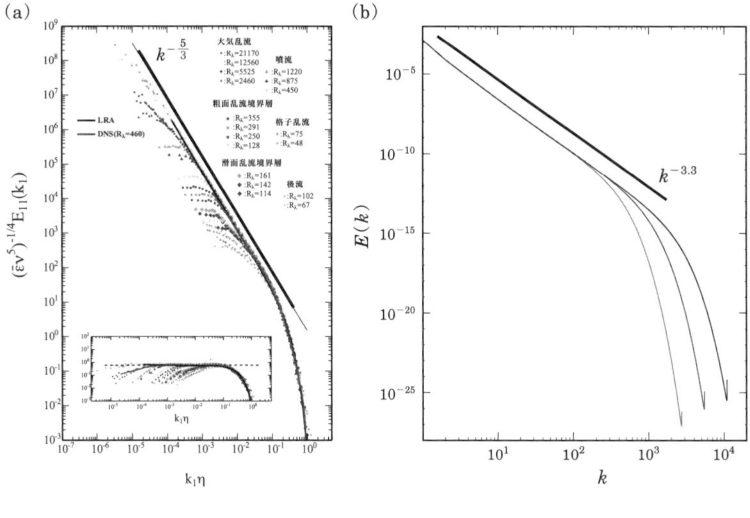

図1　(a)　乱流データに見られるエネルギーカスケード(金田行雄・後藤俊幸「乱流の統計理論──流体方程式の視点から」,『パリティ』2002年10月号, pp. 6-12, 図3より引用．図版提供：辻 義之氏(名古屋大学))．

(b)　一次元モデルのエネルギーのカスケード(図版提供：松本 剛氏(京都大学))．

よりカスケード現象は起こるはずだが，これを直接に数学で扱うのは依然非常な難問である．そこで，この方程式を模する1次元方程式を周期境界条件で考えてみた．

$$\partial_t \omega + au\omega_x - \omega u_x = \nu \partial_{xx} \omega + f, \qquad u_x = H\omega.$$

H は Hilbert 変換，a は実パラメータである．各項の対応は明らかであろう．まず，左から第二，四，五項目を消すと，有限時間で解の最大値が発散することが示されるので，第三項は解を成長させる効果をもつ．それを抑えるため粘性項を復活させるも，係数 ν が十分小さいと解の爆発は止められない．そこで，外力と粘性項を消し，方程式の対応関係を踏まえ第二項を $a=1$ で登場させると，解が時間大域的に存在するようになる．これに勢いを得て再び粘性項とランダム外力を戻してみるが，残念なことに今度は乱流的な解がまったく現れない．しかし，ここで諦めず，別の見方を試す．乱流におけるエネルギーは粘性と外力なしでの方程式の保存量という事実を思い出すと，$a=1$ では保存量が存在せず，翻って a が負なら $\int |\omega|^{-a}\,dx$ が保存することがわかるので，物理から見ればモデルのガリレイ不変性を破る禁断の所業と知りつつも，数学は自由だと自分に言い聞かせ，負の a を大胆に選ぶ．すると，図1(b)のようなエネルギーのカスケードがついに現れた！ 我が意を得たりと，このモデルの数学研究をすすめると，乱流の理解につながる面白い性質と，これでも捉えられない別の性質の存在が明らかになり，まさに「少し教えてくれるが，全部は教えてくれない」状況に再び直面するのである．

この試みは要するに，名画の要素のどのような「構図や配置」がそれを名画たらしめているかを考えることにほかならない．要素(項)を1つ取り除くと，美しい乱流の描像の全体が崩れ，要素を「抽象化して」その配置に注目すると，全体をぼんやりと近似するが，抽象度を薄めれば，違うところが目立つ．全体と部分の関係においてゲシュタルト崩壊のような心理的経験を繰り返しながら，今日も私はこの方程式に飽きることなく向き合うのである．

ハミルトンの最小作用の原理

柴山允瑠
●京都大学大学院情報学研究科

$$\delta\int_{t_0}^{t_1} L(\gamma, \dot{\gamma})dt = 0$$

ハミルトンの最小作用の原理は，古典力学の定式化の１つである．最小作用の原理は，力学の運動方程式に対する新たな視点を提供し，さまざまな結果を導くことに役立っている．以下ではその一部を紹介する．

関数 $L(q, \dot{q})$ $(q, \dot{q} \in \mathbb{R}^d)$ が与えられているとする．$a, b \in \mathbb{R}^d$ を固定し，$\gamma(t_0) = a$，$\gamma(t_1) = b$ を満たす $\gamma\colon [t_0, t_1] \to \mathbb{R}^d$ に対して

$$\mathscr{A}(\gamma) = \int_{t_0}^{t_1} L(\gamma, \dot{\gamma})dt$$

を考える．このとき，L をラグランジアンといい，$\mathscr{A}(\gamma)$ を作用積分という．この $\mathscr{A}(\gamma)$ の値を最小化あるいは最大化する曲線 γ は何かという問題を考える．γ が $\mathscr{A}(\gamma)$ を最大あるいは最小にするものであれば，$\mathscr{A}$ の臨界点である．つまり，γ における $\mathscr{A}(\gamma)$ の「微分」$\delta\mathscr{A}(\gamma)$ が０になる．$\delta\mathscr{A}(\gamma) = 0$ となる γ を求める問題を変分問題という．γ が $\delta\mathscr{A}(\gamma) = 0$ を満たすことは，γ がオイラー–ラグランジュ方程式と呼ばれる微分方程式

$$\frac{d}{dt}\left(\frac{\partial L}{\partial \dot{q}}(\gamma(t), \dot{\gamma}(t))\right) = \frac{\partial L}{\partial q}(\gamma(t), \dot{\gamma}(t))$$

を満たすことと同値である．

変分問題の例を挙げよう．鉛直下向きに重力が働いており，2点 $A=(0,0)$, $B=(a,b)$ $(b<0<a)$ を固定し，2質点を曲線で結ぶ．質点が A から初速度0で重力の影響により曲線に沿って動くとする．このとき，A から B へ達する時間が最短となる曲線を求めよう．その曲線を最速降下曲線という．

A と B を結ぶ曲線が

$$f(x)<0 \qquad (x\in(0,a]), \qquad f(0)=0, \qquad f(a)=b$$

を満たす曲線 $(x,f(x))$ で与えられたとき(図1)，時間 t における質点の位置を $(x(t),f(x(t)))$ により表すと，エネルギー保存則より

$$E=\frac{m}{2}(1+f'^2)\dot{x}^2+mgf(x), \qquad \left(f'=\frac{df}{dx},\ \dot{x}=\frac{dx}{dt}\right)$$

は一定である．m は質点の質量，g は重力加速度である．条件 $f(0)=0$, $x(0)=0$, $\dot{x}(0)=0$ より E の値は0となり，

$$\frac{dx}{dt}=\sqrt{\frac{2g(-f(x))}{1+f'(x)^2}}$$

が得られる．これより，A から B に至るまで経過する時間は

$$T(f)=\int_0^a\sqrt{\frac{1+f'^2}{2g(-f(q))}}dq$$

と表すことができる．ラグランジアン $L(f,f')=\sqrt{\dfrac{1+f'^2}{2g(-f(q))}}$ に対するオイラー–ラグランジュ方程式は

$$2ff''+f'^2+1=0$$

となる．この微分方程式を $f(0)=0$, $f(a)=b$ のもとで解くことにより，求

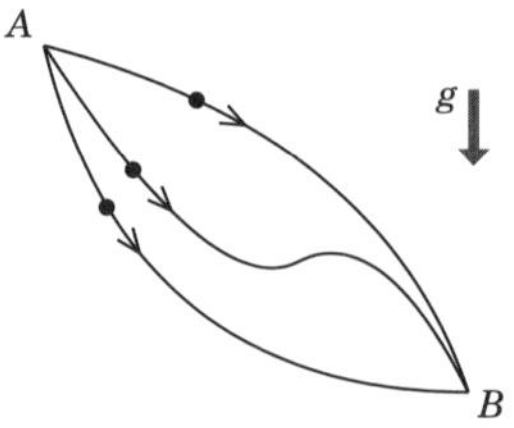

図1　A と B を結ぶ曲線

める曲線はサイクロイド

$$x = C(\theta - \sin\theta), \qquad y = f(x) = C(1 - \cos\theta)$$

であることが分かる(図2). ここで,

$$C = \frac{a}{\theta_1 - \sin\theta_1}$$

であり, θ_1 は

$$\frac{1-\cos\theta_1}{\theta_1 - \sin\theta_1} = \frac{b}{a}, \qquad -2\pi < \theta_1 < 0$$

で定まる定数である.

図2　最速降下曲線(点線はサイクロイド曲線)

この例では, 変分問題から微分方程式を導出し, それを解くことにより求める曲線が得られた. 逆に, 微分方程式を変分問題の観点から調べることにより, 新たな解析が可能になる.

$U(q_1, \cdots, q_n)$ をポテンシャル関数とする力学の運動方程式

$$m_k \frac{d^2 q_k}{dt^2} = -\frac{\partial U}{\partial q_k}(q_1, \cdots, q_n) \qquad (k = 1, \cdots, n)$$

は

$$L = \frac{1}{2}\sum_{k=1}^{n} m_k \dot{q}_k^2 - U(q_1, \cdots, q_n)$$

に関するオイラー-ラグランジュ方程式と同値であるので, 作用積分に関する変分問題として定式化される.

n 体問題では対称的な曲線の集合で作用積分を最小化する曲線の存在を示すことにより, 3体問題の8の字解([1], 次ページ図3)や4体問題の超8の字解([7], 次ページ図4)など多数の周期解の存在が証明されている.

図 3　3 体問題の 8 の字解

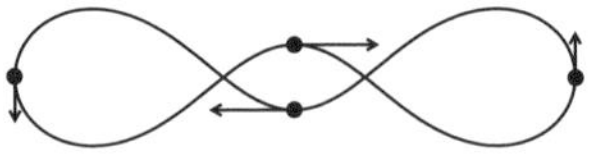

図 4　4 体問題の超 8 の字解

また，トリプルリンケージと呼ばれる 3 質点に特別な拘束を与えた系([3]，図 5)では，その作用積分が負曲率多様体の測地流の変分問題と同じ性質をもつことがいえる．そして，アノソフの測地流に関する結果を応用することによりこの系はエルゴード的であることが示されている．また，万有引力を強くした 3 体問題の作用積分(正確には，モーペリテュイ汎関数)も，同様に曲率が負の測地線の変分問題と同じであることが示され，負曲率の曲面を張り合わせて得られるフラクタル的な曲面上の測地線として解の振る舞いを理解することができる([5]，図 6)．

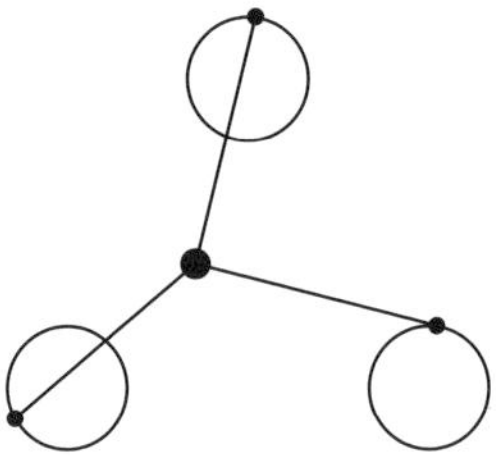

図 5　トリプルリンケージ

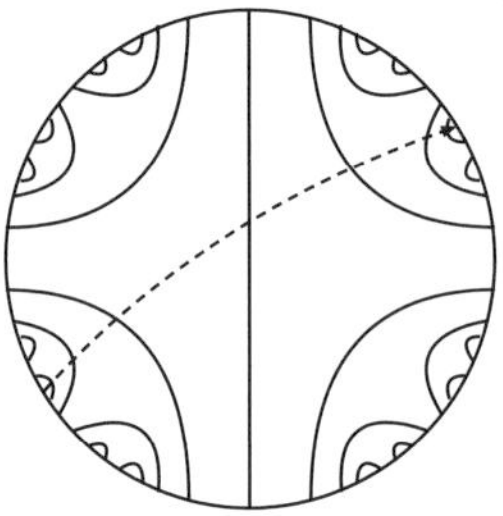

図 6　強い引力の 3 体問題の変分構造(点線は 1 つの軌道)

ほかのさまざまな理論においても作用積分は重要な役割を果たしている．ラヴィノウィッツ[6]によるヘテロクリニック軌道の存在証明，マザー[4]による最小不変測度の存在証明やファティー[2]によるハミルトン–ヤコビ方程式の粘性解の構成(弱 KAM 理論)において作用積分が発展した形で用いられている．ハミルトンの最小作用の原理は古典的な結果ではあるが，現在も重要な役割を果たし続けている．

参考文献

[1] A. Chenciner and R. Montgomery. A remarkable periodic solution of the three-body problem in the case of equal masses. *Ann. of Math.* (2), Vol. 152, No. 3, pp. 881–901, 2000.

[2] A. Fathi. Théorème KAM faible et théorie de Mather sur les systèmes lagrangiens. *C. R. Acad. Sci. Paris Sér.* I *Math.*, Vol. 324, No. 9, pp. 1043–1046, 1997.

[3] T. J. Hunt and R. S. MacKay. Anosov parameter values for the triple linkage and a physical system with a uniformly chaotic attractor. *Nonlinearity*, Vol. 16, No. 4, pp. 1499–1510, 2003.

[4] J. N. Mather. Action minimizing invariant measures for positive definite Lagrangian systems. *Math. Z.*, Vol. 207, No. 2, pp. 169–207, 1991.

[5] R. Montgomery. Fitting hyperbolic pants to a three-body problem. *Ergodic Theory and Dynamical Systems*, Vol. 25, No. 3, pp. 921–947, 2005.

[6] P. H. Rabinowitz. The calculus of variations and the forced pendulum. In *Hamiltonian dynamical systems and applications*, NATO Sci. Peace Secur. Ser. B Phys. Biophys., pp. 367–390. Springer, 2008.

[7] 柴山允瑠.『重点解説　ハミルトン力学系 ── 可積分系とKAM理論を中心に』. サイエンス社, 2016.

岡の上空移行の原理

濱野佐知子
●京都産業大学理学部

1……多変数関数論

私の心が弾むとっておきは，岡潔先生(1901-1978)の“上空移行の原理”である．当時の多変数関数論の分野の主問題は，Runge 近似の問題や Cousin の問題(与えた零や極をもつ関数の構成)が解ける領域のタイプ，Hartogs や Cartan-Thullen の凸性等の関係などが挙げられる．この問題群の難しさは取り扱う領域の形に大きく依存する．例えば，直積型の領域 $D=\prod_{j=1}^{n} D_j \subset \mathbb{C}^n$ の場合は肯定的で，問題は 1 変数関数論の問題に帰着できる(P. Cousin, 1895)．しかし一般な領域の場合は，そうはいかない．岡先生の第 1 論文(1936)序文には『考えている空間の次元を適当に上げることによって，これらの問題の困難さがときとして緩和されるのではないか』[1)] という考えが浮かんだと書かれており，上空へ移行するというアイデアによって問題をより高次元の多重円板上の問題に帰着させ，任意の正則領域で Cousin 第 1 問題を解決された(1937)．一般な領域で種々の問題を統一的に解決するこの原理を岡先生と共に“**上空移行の原理**”と呼ぶことにする．この原理の実現には Cousin 第 1 問題が深く関与しており，その 2 つの問題が解析的多面体のランクに関する二重帰納法によって同時に証明されるという面白い構造になっている．それは，連接性の概念へと発展し多変数関数論の一時代を画したばかりでなく，現代数学へ多大な影響

1）[1]の西野利雄先生(1932-2005)による日本語訳を参照．

を与えた(参照[4], [5]).

2……直積領域におけるCousin積分

複素2変数 z_1, z_2 の空間 $\mathbb{C}^2$ の一般な領域 D を図示するには次のようなやり方がある：1枚の用紙に2個の座標平面 $\mathbb{C}_{z_j}$ $(j=1,2)$ を並べ，D の $\mathbb{C}_{z_1}$ への射影 $E=\{z_1'\in\mathbb{C}_{z_1} \mid \exists z_2 \text{ s.t. } (z_1', z_2)\in D\}$ に点 z_1' を取り，$z_1=z_1'$ による D の切り口 $D(z_1')=\{z_2\in\mathbb{C}_{z_2} \mid (z_1', z_2)\in D\}$ を $\mathbb{C}_{z_2}$ に描く．この $D(z_1')$ は z_1' と共に動くので，z_1' が E を動いたときの $D(z_1')$ の全体を頭の中で想像する[2]．切り口が動かないのは直積 $D_1\times D_2$ だけである．

さて，領域 $D\subset\mathbb{C}^n$ で定義された関数で，局所的に2つの正則関数の比で表せるものを D 上の**有理型関数**という．D の開被覆 $\bigcup_i U_i=D$ と各 U_i 上の有理型関数 g_i が，$U_i\cap U_j\neq\emptyset$ ならばそこで g_i-g_j は正則に与えられたとき，対 $\{(g_i, U_i)\}_i$ を D におけるCousin第1分布という．このとき，D での有理型関数 g で $g-g_i$ が各 U_i で正則となるものを求めるのが**Cousin第1問題**である．1変数でのCousin積分

$$F(z)=\frac{1}{2\pi i}\int_L \frac{f(\zeta)}{\zeta-z}d\zeta$$

を考える．ここで，L は2点 $a\neq b\in\mathbb{C}$ を結ぶ向き付けられた C^∞ 単純曲線で，f は L の近傍上の正則関数である．F は $\mathbb{C}\setminus L$ で正則である．$c\in L\setminus\{a, b\}$ の近傍で L の左側で定義される F を F_+，右側のそれを F_- とすると，各々 c を越えて解析接続され，c の近傍上 $F_+-F_-=f$ が成り立つ．これを用いて $\mathbb{C}^n$ の任意の多重円板でCousin第1問題は常に解けることが証明された．しかしながら，この証明は直積領域以外では無力である．

2）z_1' と $D(z_1')$ を同時に描くと，池の面に映る木の葉の重なりのようにも見える．岡先生はそのような図を“緑陰図”と名付け，上空移行のアイデアが生まれる前の居眠りが続いていた時期に毎日毎日それを描いて眺めておられたそうだ．

3……上空移行の原理(ランク1)

複素 2 変数 $z=(z_1,z_2)$ の空間 $\mathbb{C}^2$ において，ν 個の多項式 $P_k(z)$ $(1\leqq k\leqq\nu)$ による解析的多面体 D：$|z_j|<r_j$ $(j=1,2)$，$|P_k(z)|<1$ $(1\leqq k\leqq\nu)$ を**ランク ν の多項式多面体**と呼ぶ．ここで新たに ν 個の複素変数 $w=(w_1,\cdots,w_\nu)$ の空間 $\mathbb{C}^\nu$ を考え，空間 $\mathbb{C}^{2+\nu}=\mathbb{C}^2\times\mathbb{C}^\nu$ における多重円板 Δ：$|z_j|<r_j$ $(j=1,2)$，$|w_k|<1$ $(1\leqq k\leqq\nu)$ を考える．Δ 内の解析的集合 Σ：$w_k=P_k(z)$，$z\in D$ $(1\leqq k\leqq\nu)$ を考えると，全単射 $T:\overline{D}\to\overline{\Sigma}$ があって，$T(\partial D)=\partial\Delta\cap\overline{\Sigma}$．

このような状勢のもとで，**岡の上空移行の原理**が成立する：

ランク ν の多項式多面体 $\overline{D}\subset\mathbb{C}^n$ における任意の正則関数 $f(z)$ に対し，多重円板 $\overline{\Delta}\subset\mathbb{C}^{n+\nu}=\mathbb{C}^n_z\times\mathbb{C}^\nu_w$ 上の正則関数 $F(z,w)$ を

$$F(z,P_1(z),\cdots,P_\nu(z))\equiv f(z),\qquad z\in D$$

となるように求めることができる．

［$\nu=1$ の場合の上空移行の証明］　$f(z)$ は $\overline{D}$ の近傍 V で正則とする．$\Delta_j:=\{|z_j|<r_j\}$ $(j=1,2)$．$\varepsilon>0$ を小さく取ると $\overline{D}\subset D_\varepsilon\subset V\cap(\Delta_1\times\Delta_2)$ となる多項式多面体 D_ε：$|z_j|<r_j$ $(j=1,2)$，$|P_1(z)|<1+\varepsilon$ が取れる．$P=P_1$，$w=w_1$ と書くこととして，$\Delta_3=\{|w|<1\}$ とおき，$\mathbb{C}^3$ の三重円板 $\Delta:=\Delta_1\times\Delta_2\times\Delta_3$ に次の分布を与える：

$$\begin{cases} g_1=\dfrac{f(z)}{w-P(z)}, & (z,w)\in U_1:=D_\varepsilon\times\Delta_3,\\ g_2=0, & (z,w)\in U_2:=[(\Delta_1\times\Delta_2)\setminus\overline{D}]\times\Delta_3.\end{cases}$$

このとき，$U_1\cup U_2=\Delta$，$U_1\cap U_2=(D_\varepsilon\setminus\overline{D})\times\Delta_3$ で g_1-g_2 は正則関数である（$\because$ $D_\varepsilon\setminus\overline{D}$ で $|P(z)|>1$ かつ Δ_3 で $|w|<1$）から，分布 $\{(g_j,U_j)\}_{j=1}^2$ は Δ における Cousin 第 1 分布である．三重円板では常に Cousin 第 1 問題が解けるので，その解を $g(z,w)$ とおくと，g は Δ での有理型関数で，

$$\begin{cases} U_1 \text{ では } g-\dfrac{f(z)}{w-P(z)}=:\phi \text{ が正則} \\ U_2 \text{ では } g \text{ 自身が正則} \end{cases}$$

である．そこで，Δ 上で

$$F(z,w)=g(z,w)\cdot(w-P(z))$$

とおくと，F は Δ での正則であり，U_1 では

$$F(z,w)=\phi\cdot(w-P(z))+f(z).$$

ゆえに，D 上で $F(z,P(z))=f(z)$.　□

2001年，岡潔生誕百年記念多変数複素解析国際会議が京都と奈良で開催された．当時，奈良女子大学4年生であった私は山口博史先生と2人，白い手袋をはめ，奈良女子大学記念館2階のガラスケースに岡先生直筆の原稿や記念品を陳列させていただいた．その頃[3]の出版前のテキストで4章を勉強中の私にとって，岡先生がお書きになった“緑陰図”や“上空移行のモデル図”を直に見る好機を授かれたことは誠にありがたく，とても胸が高鳴ったことを鮮明に覚えている．純粋に分かるようになりたい一心で西野先生[2]から直接教わる岡先生の数学は，今を懸命に生きて心が弾んだ，私の大切な宝物，青春である．

参考文献

［1］岡潔文庫 https://www.nara-wu.ac.jp/aic/gdb/nwugdb/oka/

［2］西野利雄『多変数函数論』東京大学出版会，1996.

［3］山口博史『複素関数』朝倉書店，2003.

［4］野口潤次郎『多変数解析関数論［第2版］』朝倉書店，2019
（英訳；*Analytic Function Theory of Several Variables,* Springer，2016）.

［5］大沢健夫『岡潔／多変数関数論の建設』現代数学社，2014.

ガウスの Theorema Egregium

山田澄生
●学習院大学理学部

$$
\begin{aligned}
&4(EG-F^2)K\\
&=E\left(\frac{\partial E}{\partial q}\cdot\frac{\partial G}{\partial q}-2\frac{\partial F}{\partial p}\cdot\frac{\partial G}{\partial q}+\left(\frac{\partial G}{\partial p}\right)^2\right)\\
&\quad+F\left(\frac{\partial E}{\partial p}\cdot\frac{\partial G}{\partial q}-\frac{\partial E}{\partial q}\cdot\frac{\partial G}{\partial p}-2\frac{\partial E}{\partial q}\cdot\frac{\partial F}{\partial q}+4\frac{\partial F}{\partial p}\cdot\frac{\partial F}{\partial q}-2\frac{\partial F}{\partial p}\cdot\frac{\partial G}{\partial p}\right)\\
&\quad+G\left(\frac{\partial E}{\partial p}\cdot\frac{\partial G}{\partial p}-2\frac{\partial E}{\partial p}\cdot\frac{\partial F}{\partial q}+\left(\frac{\partial E}{\partial q}\right)^2\right)\\
&\quad-2(EG-F^2)\left(\frac{\partial^2 E}{\partial q^2}-2\frac{\partial^2 F}{\partial p\partial q}+\frac{\partial^2 G}{\partial p^2}\right)
\end{aligned}
$$

英語で egregious という形容詞は，「実にひどい」「とてつもない」という意味である．もうすこし砕けた言い方をすると，「そんなバカな」または，「ありえない」という感じであろうか．もう 1999 年に NASA が衛星を水星に送ったとき，ロッキード・マーティンと NASA のエンジニアがメートルとフィートの単位を取り違えたために衛星が軌道から外れてしまったという事件(？)があったが，これは egregious mistake である．近代の微分幾何学の源となった定理に，語源となったラテン語では羊などの家畜の群れから離れてしまった一匹の動物を描写する，このすこし不思議な感じをもつことばをガウスが用いたことは興味深い．

3次元ユークリッド空間内の曲面 S 上で定義される第1,2基本形式が何であるかを簡単に思い出そう．曲面は2次元の拡がりをもつものゆえに，2つの助変数 (u, v) を用いて曲面の各点を表すことができる．この対応を $p(u, v)$ であらわし，p は uv 平面の方眼紙の升目を曲面上に伸縮を介して押し付け，曲面の各点 p に (u, v) という住所(助変数表示)をあたえる．この曲面上の升目模様の伸縮率を表現するのが第1基本形式 I である．地球の表面を曲面とするならば，緯度，経度は助変数表示の一例である．一方で，曲面の各点 p において単位法線ベクトル ν を考える．たとえば地球上で (u, v) をそれぞれ緯度，経度にもつ場所 $p(u, v)$ で，地面に1メートルの棒をまっすぐ立てることが $\nu(u, v)$ にほかならない．この棒の指す方向は p によって変わるが，この方向 ν の変化率を (u, v) の関数として表したものとして第2基本形式 II が定義される．ガウスの原論文(Karl Friedrich Gauss, *General Investigations of Curved Surfaces of* 1827 *and* 1825 は www.gutenberg.org で英語版が公開されている)において，第1,2基本形式 I, II を用いて K の値を代数的に計算した結果が驚異の定理である．

その一方でガウスは，単位ベクトル ν の始点を原点にもってくることで，ν を，曲面の点 p に対して2次元単位球面 S^2 の点 $\nu(p)$ を対応させる写像 $\nu : S \to S^2$ と考えた．いま原点に一端を固定された棒(ペン) ν の先にインクをつけておく．p が曲面の微小な領域 $\triangle A$ を動いたとき，単位球面上には $\nu(\triangle A)$ というインクの痕跡がある．ガウスはこの2つの微小面積の比として K を表現した．

$$K = \lim_{|\triangle A| \to 0} \frac{|\nu(\triangle A)|}{|\triangle A|}$$

平らな机上では直立したペン先の向きは不動であり，また，より曲がった面の方がペン先の動きが大きいというイメージである．

2千年以上前，アレキサンドリアの図書館長であったエラストテネスは，夏至の日の正午にアレキサンドリアの真南にあるアスワンで地面にまっすぐ立てられた木の棒の影が消えることを利用し，また同じ時刻にアレキサンドリアでの棒の影の長さを測ることで，地球の大きさを概算している．ここで地球の大きさとは，地表にまっすぐ立った木の棒の方向の変化率を，アレキサンドリアとアスワン間の変位から太陽光を介して計算したという点で，地面の第2基本形式を求めたことにほかならない．一方で，ガウスはゲッティンゲンの天文台長としてハノーファー王国の測量を司る際に，三角測量法を用いたことはよく知られている．実際にガウスが測量した量から，地球の表面のガウス曲率が導かれたかどうかは不明(たぶんそうではない)であるが，天文台長としての測量という物理的な行為が，ガウスを非ユークリッド幾何学の思考実験に誘導したことは確かなようである．その思考実験からは，地上での測地三角形の内角の和と $\pi = 180^\circ$ からの乖離は三角形のガウス曲率 K の面積分と比例しているという，ガウス-ボンネの定理が従う．ちなみに平面上では内角の和は π であり，ガウス曲率は恒等的にゼロである．

それぞれの測量を介して地球の表面が曲がっていることを理論化したエラストテネスとガウスには根本的な違いがある．エラストテネスは，3次元宇宙空間のなかで太陽という地球とは独立した基準に依って曲率の計算を行っているが，ガウスは地面の長さと角度の測量のみから曲率を導いている．つまりエラストテネスは曇りの日は商売あがったりであるが，天候に関わらずガウスは地表のみを見ていれば曲率が計算できた．前者の文脈を外在的，後者を内在的な幾何学とよぶ．よって曲面上の升目模様によって導かれた第1基本形式は内在的な量であり，地面に垂直に立てられた棒の振る舞いを描写する第2基本形式は外在的構成である．Theorema Egregium という命名の理由は，原論文では D, D', D'' という記号で表された第2基本形式という外在的な幾何学的情報から定義されたガウス曲率が，実は E, F, G として表されている第1基本形式という内在的な量のみにしか依らないという「発見」にある．

その後の歴史を早回しすると，ゲッティンゲン大学でガウスの後継者となったリーマンは，1854年にガウス曲率の内在性が2次元に限る現象でないことを，一般次元の多様体上にリーマン曲率テンソルを創出することで確立した．そしてアインシュタインはチューリッヒ工科大学での学生時代に Theorema Egregium を学んだが，1915年に時空の曲率を表現する一般相対性理論の定式化に Theorema Egregium の4次元版が必要であることに気づき，リーマン曲率テンソルを数学者の友人であったマルセル・グロスマンに至急教授してもらい，アインシュタイン方程式を得た.

現代の幾何学のカリキュラムでは，曲面論は「多様体と微分幾何学」のなかの部分多様体論という1セクションとして比較的淡白な扱いをうけており，その結果，学生がEgregiumということばに秘められた衝撃を受けることはあまりないであろうと思われる．この理由を考えるに，空間というものはユークリッド空間でしかありえないという観念から逃れて，空間自身が曲がっていて当然であるという大きな思想の転換が，この200年間でわれわれ一人一人に根付いたからであろうか．見方を変えればTheorema Egregiumは，現代人の実存的な観念を恒久的に書き換えたという意味で「驚異的」と言えるのかもしれない.

寺尾の分解定理

吉永正彦
●大阪大学大学院理学研究科

個人的な話で恐縮だが，筆者が学生の頃に，研究者としての方向性を決める上で影響を受けた定理を紹介したい．後にこの方面の研究者と付き合うようになって知ったことだが，多くの人がこの定理に感銘を受け，自由超平面配置の研究に参画してきた．その美しさに対する感動が，無から宇宙(研究領域)を生み出したかのような定理であると今でも思う．

寺尾の分解定理(寺尾宏明 1981)　$\mathscr{A}$を複素自由超平面配置とし，その冪指数を$(e_1, e_2, \cdots, e_n)$とする．このとき，超平面配置の補集合$M = \mathbb{C}^n \setminus \bigcup \mathscr{A}$のポアンカレ多項式は次のように一次式に分解する：

$$P(M, t) = \prod_{i=1}^{n} (1+e_i t).$$

用語の説明をする前に，この公式の感動ポイントを述べよう．公式の右辺に現れている「冪指数」は純粋に代数的に定義される量である．これはある場合にはよく分かる．一方，左辺のポアンカレ多項式は位相的に定義される量であり，超平面配置の組合せ論的構造と深く関わっている．定義から直接計算するのは大変複雑であるが，位相的・組合せ論的問題の多くが，左辺を計算することに関係しており，重要な不変量である．標語的にまとめると，寺尾の分解定理は以下のような形をしている：

$$\left(\begin{array}{c}\text{位相的・組合せ論的量}\\ \textbf{知りたい！}\\ \text{（複雑）}\end{array}\right) = \left(\begin{array}{c}\text{代数的量}\\ \textbf{よく分かる！}\\ \text{（こともある）}\end{array}\right)$$

繰り返しになるが，超平面配置の自由性とその冪指数はよく分かる(こともある)．ここで，**超平面配置**とは，ベクトル空間 V の中の有限個の余次元１の部分空間の組 $\{H_1, \cdots, H_k\}$ のことである．例えば

$$H_{ij} = \{(x_1, \cdots, x_n) \,|\, x_i - x_j = 0\} \qquad (1 \leqq i < j \leqq n)$$

は $\mathbb{R}^n$ や $\mathbb{C}^n$ 内の超平面を定め，これらを集めたもの $\{H_{ij} | 1 \leqq i < j \leqq n\}$ はブレイド配置と呼ばれる超平面配置の例である．

「自由性」というのは，超平面配置(より一般に超曲面)に付随した代数的な性質であり，ベクトル場(一階の微分作用素)を使って定義される．天下り的であるが，$p = 0, 1, \cdots, n-1$ に対して，

$$\delta_p = x_1^p \frac{\partial}{\partial x_1} + \cdots + x_n^p \frac{\partial}{\partial x_n}$$

というベクトル場を考えよう．これらは次の性質を持っている．

（ｉ）δ_p を H_{ij} の定義式 $x_i - x_j$ に作用させて得られる多項式 $\delta_p(x_i - x_j) = x_i^p - x_j^p$ は再び $x_i - x_j$ で割り切れる．

（ii）$\delta_0, \delta_1, \cdots, \delta_{n-1}$ の係数行列の行列式が

$$\det\begin{pmatrix} 1 & 1 & \cdots & 1 \\ x_1 & x_2 & \cdots & x_n \\ x_1^2 & x_2^2 & \cdots & x_n^2 \\ \vdots & \vdots & \ddots & \vdots \\ x_1^{n-1} & x_2^{n-1} & \cdots & x_n^{n-1} \end{pmatrix} = \prod_{1 \leqq i < j \leqq n} (x_j - x_i)$$

が超平面達の定義式の積に一致する．

以上の(i)，(ii)がブレイド配置は**自由配置**であることを示している．(何が「自由」なのかはっきりさせるために，正確な定義を述べると，(i)の性質を満たすベクトル場全体の集合が(多項式環上)自由加群になるときに，その超平面配置

は自由配置であると呼ばれる.「齋藤の判定法」と呼ばれる結果により,(i),(ii)を満たすベクトル場の組, $\delta_0, \cdots, \delta_{n-1}$ が存在すれば自由配置であることが知られている.) 自由性の確認は一般には難しい. しかし, ときにはその代数的な性質のため, 配置の複雑さに比べると比較的容易にチェックできる場合もある. 例えば上のブレイド配置の自由性の鍵となるのは, 線形代数でおなじみのファンデルモンドの公式である. 最後に**冪指数**というのは, ベクトル場 $\delta_0, \cdots, \delta_{n-1}$ の係数の次数の組 $(\deg \delta_0, \cdots, \deg \delta_{n-1})$ のことで, 上のブレイド配置では $(e_1, \cdots, e_n) = (0, 1, \cdots, n-1)$ である.

寺尾の分解定理の左辺のポアンカレ多項式 $P(M, t) = \sum b_k t^k$ は, 空間 M のベッチ数(独立な k-次元サイクルの数) b_k を係数に持つ多項式である.「空間の(位相的な)『形』を知りたい!」という幾何学的な興味を持つ者にとっては, ベッチ数というのは何をおいてもまず気になる量である. それを係数に持つ多項式が一次式の積に分解するのは, 珍しい性質で, さらにその分解の様子が自由配置の冪指数という純粋に代数的な量で統制されている様は驚異というほかない.

また, 超平面配置のポアンカレ多項式が持つ情報は位相的情報にとどまらないことが知られている. $\mathbb{R}^n$ の超平面配置は空間を有限個の領域に分割するが, ポアンカレ多項式に $t=1$ を代入した特殊値が実は($\mathbb{R}^n$ の)超平面配置の領域数であることが知られている. 例えば, 上のブレイド配置の場合は, $t=1$ とすると, $n!$ が得られるが, これは, 各領域が置換 $\sigma \in \mathfrak{S}_n$ を使って

$$\{(x_1, \cdots, x_n) \mid x_{\sigma(1)} < x_{\sigma(2)} < \cdots < x_{\sigma(n)}\}$$

と表されることからも確認できる. このように, 寺尾の分解定理の左辺は, 表現論や格子点の数え上げなど組合せ論的な問題とも密接に関係しており, そのような多項式が「自由配置の冪指数」を使って表されることも大変興味深い.

分解定理は代数幾何的な視点から眺めてみても面白い. 例えば,「分解」はベクトル束の直線束への直和分解に伴うチャーン類の分解と解釈できることが知られている. 寺尾の分解定理は, 代数幾何と組合せ論を結び付けている公式とみなすこともでき, 実際, 分解定理を通した代数幾何の組合せ論への応用も研

究されている．

最後にもう少し専門的な立場からコメントを述べると，寺尾の分解定理は，より強力な「Solomon-寺尾の公式」から従うことが知られている．詳しい定義は省略するが，「Solomon-寺尾の公式」の雰囲気を伝えるために，その主張を述べてみる．上で述べた対数的ベクトル場の加群の p-次版である $D^p(\mathscr{A})$ が定義される $(0 \leqq p \leqq n)$．$D^p(\mathscr{A})$ は次数付き加群であり，その斉 k 次部分を $D^p(\mathscr{A})_k$ とする．$D^p(\mathscr{A})_k$ は $k \in \mathbb{Z}$ に対して有限次元ベクトル空間であり，$D^p(\mathscr{A})$ のヒルベルト級数を

$$\mathrm{Hilb}(D^p(\mathscr{A}), x) = \sum_{k \in \mathbb{Z}} \dim D^p(\mathscr{A})_k \cdot x^k$$

で定める．これらの加群のヒルベルト級数を使うことにより，補集合のポアンカレ多項式は次のように表される(Solomon-寺尾の公式)．

$$P(M, t) = t^n \cdot \lim_{x \to 1} \sum_{p=0}^{n} \mathrm{Hilb}(D^p(\mathscr{A}), x) \cdot \left(-\frac{x-1}{t} - 1 \right)^p.$$

筆者はこの公式の証明を読んで，理解したつもりではあるが，今でもよくわからない公式である．そもそも右辺で無限級数を足したり引いたりして，$x = 1$ を代入するのだがそれが許されること自体，当たり前ではない．Solomon-寺尾の公式を認めれば，寺尾の分解定理を導出することは難しくはないが，それもパッと見てすぐわかるほど簡単ではない．現在(2023年)でも，Solomon-寺尾の公式周辺の研究は行われており，まだまだたくさんの謎の残された公式である．

準同型定理

中岡宏行
●名古屋大学大学院多元数理科学研究科

$$X/\operatorname{Ker} f \cong \operatorname{Im} f$$

ホモロジー代数とは，幾何や代数などのさまざまな場面で現れる種々の(コ)ホモロジー，関連する導来関手についての抽象論である．そこには複体・完全性・核や余核といった概念が登場する．一般的なホモロジー代数を展開するための最も重要な舞台の一つはアーベル圏であり，この概念は1957年グロタンディークにより，層のコホモロジーや，TorやExtといった環上の加群の導来関手[1]を共通に扱うための枠組みとして導入された[2]．代数多様体上の連接層の圏などもアーベル圏の例である．

さて，上の式は準同型定理を表す．ベクトル空間の場合や加群の場合など，学部の代数学でたびたび登場する．ベクトル空間であれば次元定理 $\dim X = \dim \operatorname{Ker} f + \dim \operatorname{Im} f$ がこの同型から従い，加群の準同型定理からはいくつかの同型定理が系として導かれる．この基本的な定理は，代数においては手足の

1）H. Cartan and S. Eilenberg, *Homological algebra*, Princeton Univ. Press(1956)など．

2）A. Grothendieck, *Sur quelques points d'algèbre homologique*. Tôhoku Math. J. (2) **9** (1957)119–221. なお，D. A. Buchsbaum, *Exact categories and duality*, Trans. Amer. Math. Soc. (1) **80**(1955)1–34 において同種のものが exact category という名称で導入されている．

ように用いられる．

環や(可換とは限らない)群でも成り立つが，本稿では X がベクトル空間またはアーベル群，一般に環 A 上の加群，あるいは位相空間上の加群の層といった場合のみ扱う．例えば環 A 上の加群の場合に，準同型定理それ自体を理解することは難しくはない．$f\colon X \to Y$ を A 加群の準同型としよう．このとき，左辺に現れる**核**は

$$\operatorname{Ker} f = \{x \in X \mid f(x) = 0\} \tag{1}$$

で定まり，f の「単射にならない度合い」を測る．剰余をとって核をつぶすと，f から単射 $\underline{f}\colon X/\operatorname{Ker} f \to Y$ が誘導される．さらに終域 Y を $\operatorname{Im} f$ で置き換えれば全射となり，上の同型が得られるという具合である．

実はこれら加群や層は，アーベル圏の対象の例である．準同型定理が一般のアーベル圏でどのような役割を果たすかを以下で紹介したい．

圏，プレアーベル圏，アーベル圏

圏というのは，考えたい数学的対象の全体のことである．より正確には，圏 $\mathscr{C}$ とは**対象** $X, Y, \cdots$ をもち，それら対象の間の**射** $f\colon X \to Y$，$g\colon Y \to Z, \cdots$ に対し合成 $g \circ f$ が定まり，さらに，各対象 X に対し恒等射 id_X が与えられているものをいう[3)]．例えば，

- A 加群の圏 $\mathit{Mod}\, A$．対象は A 加群，射は準同型．
- 位相空間 T 上の加群の層の圏 $\mathit{Sh}\, T$．対象は加群の層，射は層の準同型．

などは圏の例である．ほかにも，集合の圏や環の圏，多様体の圏など，さまざまな数学的対象に対して圏が考えられるが，上の二つの例に顕著な特徴は，複体やコホモロジーを用いた「ホモロジー代数」が展開できることである．冒頭で述べたように，アーベル圏とはこれらを統一的に扱うための概念である．

まず，二つの圏に共通する性質として，次が挙げられる．これらを満たすと

3）合成は結合則を満たし，恒等射は合成に関し $f = f \circ \mathrm{id}_X = \mathrm{id}_Y \circ f$ を満たす．

き，$\mathscr{C}$ はプレアーベル圏とよばれる．

(AB0)　$\mathscr{C}$ は加法圏である．

(AB1)　$\mathscr{C}$ の任意の射の核および余核が存在する．

加法圏であるとは，条件を逐一述べると「零対象 $\mathbf{0}$ が存在する」「任意の対象 X, Y の直和 $X \oplus Y$ が存在する」「各対象 X から Y への射の集合はアーベル群の構造をもつ[4]」という条件からなる[5]．本稿では詳しくは扱わないが，いずれも $\mathscr{C} = \mathit{Mod}\,A, \mathit{Sh}\,T$ に共通する性質であることと，加法圏では射の**核**を定義できる，ということにのみ注意したい．

ここで核は，A 加群の圏では上の(1)のように具体的に表すことができるが，圏論では射の言葉でその性質(核の**普遍性**と呼ばれる)を抽出する必要がある．加法圏における射 $f\colon X \to Y$ の核とは，対象 $\mathrm{Ker}\,f$ であって $f \circ \iota = 0$ および次を満たす射 $\iota\colon \mathrm{Ker}\,f \to X$ を有するものをいう．

- $f \circ k = 0$ を満たす任意の射 $k\colon K \to X$ は，ι を(一通りに)経由する．すなわち，$\iota \circ \underline{k} = k$ を満たす $\underline{k}\colon K \to \mathrm{Ker}\,f$ が一意的に存在する．

加法圏 $\mathscr{C}$ において，射 f が**単射**であるとは「$f \circ k = 0 \Rightarrow k = 0$」が成り立つときをいうが，これは $\mathrm{Ker}\,f \cong \mathbf{0}$ に同値である．ここで $\mathscr{C}$ の対象 X, X' が**同型**($X \cong X'$) であるとは，**同型射** $a\colon X \to X'$ (すなわち，**逆射**[6] $X' \to X$ をもつ射)が存在するときをいう．

条件(AB1)では，任意の射 f に対して核と，その**双対**である**余核** $\mathrm{Cok}\,f$ がとれると要求している．圏論で重要な考え方の一つがこの「双対」であり，端的にいうと矢印の向きを逆にすることを意味する．射 $f\colon X \to Y$ の余核とは，対

---

4) 特に零元として，零射 $0\colon X \to Y$ が与えられている．零対象とは，$\mathscr{C}(\mathbf{0}, X) = \{0\}$ かつ $\mathscr{C}(X, \mathbf{0}) = \{0\}$ を満たす対象 $\mathbf{0}$ である．

5) さらに，合成は双線型であることを要求する．

6) $b \circ a = \mathrm{id}_X$, $a \circ b = \mathrm{id}_{X'}$ を満たす射 $b\colon X' \to X$ が存在するとき，これを a の逆射とよび，a^{-1} で表す．

象 $\mathrm{Cok}\, f$ であって $\pi\circ f=0$ および次を満たす射 $\pi\colon Y\to\mathrm{Cok}\, f$ を有するものをいう．

- $c\circ f=0$ を満たす任意の射 $c\colon Y\to C$ に対して，$\bar{c}\circ\pi=c$ を満たす $\bar{c}\colon\mathrm{Cok}\, f\to C$ が一意的に存在する．

核の場合とは双対的に，射 f の全射性と $\mathrm{Cok}\, f\cong\mathbf{0}$ は同値となる．

Mod A の場合に具体的に表すと，$\mathrm{Cok}\, f$ は剰余加群 $Y/f(X)$ で得られる．(特に，f が包含 $X\hookrightarrow Y$ のときは $\mathrm{Cok}\, f=Y/X$ となる．）π は同値類をとる自然な射影であり，その核は $f(X)$，すなわち f の像 $\mathrm{Im}\, f$ に等しい．このことから，加法圏では射 f の**像**を $\mathrm{Im}\, f=\mathrm{Ker}\,\pi$ で定義する．像の双対は**余像**とよび，$\mathrm{Coim}\, f=\mathrm{Cok}\,\iota$ と定義する．

以上の定義を踏まえ，準同型定理を見返してみる．右辺は像である．左辺は X の $\mathrm{Ker}\, f$ における剰余であり，これはすなわち $\mathrm{Cok}\,\iota$，つまり f の余像である．したがって準同型定理は，これらの互いに双対的な概念の間の同型 $\mathrm{Coim}\, f\cong\mathrm{Im}\, f$ を意味する．この条件を付け加えて，アーベル圏の定義が得られる．すなわち，プレアーベル圏 $\mathscr{C}$ が

(AB2)　$\mathscr{C}$ の任意の射 f に対して，標準的な同型 $\mathrm{Coim}\, f\cong\mathrm{Im}\, f$ が存在する．

を満たすとき，$\mathscr{C}$ はアーベル圏であるという(条件(AB1),(AB2)は脚注2の Grothendieck の文献から引用)．つまり「準同型定理」をアーベル圏の定義に含めるのである．アーベル圏の定義の条件はすべて，双対が自分自身となる**自己双対的**な条件である．実際，(AB2)の双対をとると，Im は Coim で Coim は Im で置き換えられ，もとの(AB2)に戻ることが分かる．また(AB2)は，

(AB2)′　任意の単射 f，全射 $g\colon X\to Y$ に対して標準的な同型 $X\cong\mathrm{Im}\, f$，$\mathrm{Coim}\, g\cong Y$ が存在する．

とも同値である．これだけの条件から，完全列や複体の(コ)ホモロジーなどを扱う共通の舞台が得られるのだから，本質的な条件を非常にうまく選んであると思う．実際に，「自然に成り立つべき性質」はこれらの条件から導かれる．例えば，

性質 1　射 f が全射かつ単射であることと，同型射であることは同値である．

ということも，アーベル圏では示される．これは，一般のプレアーベル圏では必ずしも成立しない．

ホモロジーとアーベル圏

ホモロジー代数の舞台としては，射の列

$$X \xrightarrow{f} Y \xrightarrow{g} Z \qquad (g \circ f = 0) \tag{2}$$

の完全性やホモロジーを扱えるような枠組みであることは必須である．この列のホモロジーとは，“$H = \operatorname{Ker} g/\operatorname{Im} f$” として定義されるべきものであるので，プレアーベル圏 $\mathscr{C}$ では核と余核を用いて

- 核 $\operatorname{Ker} g$ をとると，普遍性により $\underline{f}\colon X \to \operatorname{Ker} g$ が得られる．この余核を $H = \operatorname{Cok} \underline{f}$ とおく．

と実現できる．列(2)が(Y において)完全であるとは，$H \cong \mathbf{0}$ が成り立つときをいう．一方，

- 余核 $\operatorname{Cok} f$ をとると，普遍性により $\overline{g}\colon \operatorname{Cok} f \to Z$ が得られる．この核を $H' = \operatorname{Ker} \overline{g}$ とおく．

として得られる H' は，上の H とは双対的な方法で得られている．想定している圏の例では，この H' も “$\operatorname{Ker} g/\operatorname{Im} f$” を表していることが分かる．

ホモロジー H と，双対的に定義された H' が同型になれば，双対性を用いて

議論を簡単にすることができる．そのためぜひとも $\mathscr{C}$ において，標準的な同型 $H \cong H'$ が存在してほしい．そして実際に，(AB2)を要求することで，アーベル圏においてはこの同型の存在(次の命題の (1) $\Rightarrow$ (2))が示される[7]．

命題 2　プレアーベル圏 $\mathscr{C}$ が性質 1 を満たすとする．このとき，以下は同値となる．

（1）　条件(AB2)が成り立つ．すなわち，$\mathscr{C}$ はアーベル圏である．

（2）　ホモロジーの定義は自己双対的である．すなわち，$H \cong H'$ が成り立つ．

（3）　列の完全性は自己双対的である．すなわち，列(2)から得られた射 $\underline{f}, \overline{g}$ に対して「$\underline{f}$ が全射 $\Leftrightarrow$ $\overline{g}$ が単射」が成り立つ．

---

(3)は(2)の特別な場合(ホモロジーが $\mathbf{0}$)であり，また(3)が成り立つならばこれを列 $X \xrightarrow{f} Y \xrightarrow{\pi} \mathrm{Cok}\, f$ に適用すれば $X \to \mathrm{Im}\, f$ の全射性が分かる．特に，f が単射ならば同型 $X \cong \mathrm{Im}\, f$ が得られる．全射についてもこの双対が成立し，(AB2)$'$ が従う．

この同値性からも，準同型定理に相当する条件(AB2)が，ホモロジーや完全性の自己双対性を導くために本質的な条件であると言えるだろう．

7）証明は，アーベル圏についての標準的なテキストを参照のこと．

Donaldson-二木不変量の交点数公式

尾高悠志
●京都大学大学院理学研究科

$$-n(L^{\cdot n-1}.K_X)(\mathscr{L})^{\cdot n+1}+(n+1)(L^{\cdot n})(\mathscr{L}^{\cdot n}.K_{\mathscr{X}/\mathrm{C}})$$

はじめて紙の上に浮かび上がった上の式に出会ってから彼此 14 年は月日が経っている．ひょっこり顔を見せた「こいつ」が，あまりにシンプルで都合が良すぎるように思えて，稚拙な式に感じてしまい，なんだか目を背けてしまったような記憶がある．しばらく時間を置いて，何を見落としたかと，繰り返しやり方を変え，合っているか確認をした気がする．

記号の意味をと問われると，X：射影代数多様体，L：X 上の豊富な線束，$\mathscr{X}$：射影直線 $\mathbb{P}^1$ $(=: C)$ 上の $\mathbb{C}^*$-同変射影平坦スキーム族，$\mathscr{L}$：その上の相対豊富線束で，一般ファイバーが $(X, L^{\otimes r})$ (r：正整数)であるもの，$K_{\mathscr{X}/\mathbb{P}^1}$ は相対標準線束，・や . は交点数，といささか技術的になる．

そこでざっくり言って，この式は与えられた「**代数多様体**(連立多変数多項式の共通根の集合)」たる幾何学的空間 X が「よい」(**安定**と言われる)ものであるかどうかを計る値と思っていただきたい．

もう一声，射影代数多様体の例はと問われると，簡単なものとしてコンパクトな Riemann 面(g 人乗り浮き輪の形の曲面に，複素構造を加味したもの)があり，代数的に簡潔な記述を求めるならば，およそ二変数(複素数係数)多項式の根集合 $F(x, y) = 0$，つまり(複素)平面曲線(に適切に無限遠点を加えたもの)が，およそその特殊な場合にあたる．$g=1$ なら，または $F=y^2-x^3-x$ ならば，いわゆる楕円曲線である．それらの高次元版と思っていただければいいが，一般に射影空間内で斉次多項式有限個の共通零点集合で書き表せ，通常およそそれが定義である．

これらの研究を始めた出発点において，私はまず，X の上の「特異点(滑らかでない点)」があると安定性にどう影響するかを統一的に記述したいと考えていた．J. Shah 氏の曲面の論文に着想を得，実質的に上記の値のある極限である別の不変量を取り出して，その表示法を見つけた．個人的には，その瞬間，「それ」に出会った小さな風呂場での記憶がとても鮮烈であった．詳細は紙数の都合で説明できないが，それは大体こんな形をしている．

$$((\mathcal{L}-E)^n.K_{\mathcal{B}/(X\times\mathbb{P}^1)})$$

失礼ながら裸ではあったが，敬愛する指導教官であった森重文先生らが構築に携わられた**極小モデル理論**に，自身の興味がより直結した瞬間でもあったので，そんな嬉しさも同時にきた．

研究が行き詰まるたびに，あるいは一区切りつくたびに，「この式達」から離れて船出するような気持で数学はするのだが，振り返れば結局，毎日このあまりに美しいものの周りをうろついてぼうっとただ見とれて生活をしているような気さえしてくる．よくいえば鉱脈が深いのだろうが，悪くいえば一数学者として進化していないようで，時に焦燥感が襲う．発見の行為への興奮は十分時間が経てばいつだって，長く大きい数学史の流れと照らし合わせれば大したことではなかったと思われてくる．

個人的な戯言はほどほどにして，より詳しく数学の話を書こう．少し難しくなります…はじめの「こいつ」は **Donaldson-二木不変量**(以下 DF 不変量)と言われているもので，元来の定義の形は違ったのだが，ともかくそれが(常に)正である代数多様体をおよそ **K 安定**であるという(Tian, Donaldson)．およそ元来の定義を交点数として記述する公式(X. Wang，筆者)やその応用の思い出話である．

複素微分幾何において古典的な問題の一つが，コンパクト Riemann 面に定曲率の計量があったように，一般の複素多様体に **Kähler-Einstein 計量**(以下 KE 計量)といったような標準的(“ベストな”)計量を入れられるかどうかというものである．K 安定性は歴史的にはこの問題に起源がある．

1970 年代，S. Aubin 氏と S. T. Yau 氏により，“零以下に曲がった”場合は KE 計量は一意的に存在すると分かり(Yau 氏はこれにより Fields 賞を受賞)，「正に曲がった」Fano 多様体の場合が最難として残されていた．実際，KE 計量はその場合，常には存在しない．

松島与三氏による必要条件の後，二木昭人氏による「二木不変量」が新たに精密な必要条件を与えることになった．そしてそれが DF 不変量に拡張されて K 安定性が定義され，G. Tian 氏，S. Donaldson 氏により最終的に，「KE 計量の存在は K 安定性と同値だろう」という画期的予想(Yau-Tian-Donaldson 予想)となり，ついに 2012 年に X. Chen, S. Donaldson, S. Sun の 3 氏および G. Tian 氏によって証明された．

一方，私自身は代数幾何側で，過去に前述の公式の応用として高次元標準モデルのモジュライコンパクト化(Koll’ar-ShepherdBarron-Alexeev)を K 安定性によって解釈していたので，予想解決も用いてさらに一般的な“K モジュライ”(K 安定多様体のモジュライ)の理論の部分構築を行ってきた．

周辺分野はその後，前述大予想の解決も魅きつけてか，研究者人口は増え，今も進展は止まるところを知らない．関連研究者の裾野自体も広がり，さまざまな分野との密接な関わりもみせて，数学が一つであるとよく思い起こさせる．例えば，**確率論**からのアプローチ(Berman)，**非アルキメデス幾何学**による再解釈(Boucksom-久本-Jonsson)，幾何学的**ミラー対称性**，**トロピカル幾何学**との関連．また Faltings 高さの一般化をしつつの**「数論的」(Arakelov 的)**K 安定性の理論(筆者)，**体積関数**との関連(藤田健人，Chi Li)．世界中で各々が得意分野からの別々の見方で研究し，専門分野を超えて交流している．研究だけさせてもらえる時間は減っていっているが，あの式が魅せる美の追求にはさらに精を出したい．同時に日本で(世界で)今後も盛り上がれば，そして少しそれに貢献ができればと思う．

この分野の美しき数学的詳細は専門的文献または別の機会に譲らざるを得ないが，いかにそれが世界中で愛されて続けて発展してきているか，少しはお伝えできていたらと願う．

全微分可能性とアーベル変形について

澤野嘉宏
●中央大学理工学部

全微分可能性　ある a, b が存在して

$$\lim_{(h,k)\to(0,0)} \frac{F(x_0+h, y_0+k)-ah-bk-F(x_0, y_0)}{\sqrt{h^2+k^2}} = 0$$

アーベル変形

$$\sum_{n=1}^{N} a_n b_n = S_1 b_1 + (S_2 - S_1) b_2 + \cdots + (S_n - S_{n-1}) b_n$$

$$= S_n b_n + \sum_{N=1}^{n-1} S_N (b_N - b_{N+1})$$

全微分可能性

関数の微分可能性が種々の関数の性質を解明したり，新しい不等式を作ったり，何らかの関数の最大値や最小値を求めたりするのに有用なことはよく知られている．1変数の場合は微分の定義はいたって明快で，関数が与えられたとすると，変化の割合を a と $a+h$ に対して考えて，$h \to 0$ としたときに得られる極限値がその関数の微分係数と定義され，微分係数を関数として考えたものを導関数といった．ところが，多変数の場合は微分の定義は複雑になる．なぜ複雑になるかというと，それは近づき方が多様になるためである．そのために，

「偏導関数」,「全微分」などの概念が必要となる．これらの概念は複雑であるが，比較的簡単に検証できる条件として C^1–級という概念がある．C^1–級であるならば，もちろん偏微分可能であるし，全微分可能でもあるから，C^1–級という概念は微分の「王様」みたいな概念で，多くの微分積分の講義や教科書ではこの条件を課すことが多い．しかしながら，C^1–級という概念は偏導関数の連続性にばかり目が行ってしまい，微分の概念に深く立ち入っていないように思える．本稿では,「全微分」がどのように微分の概念を掘り下げているかを説明したい．

全微分可能性が登場する場面は少ないと思うので，定義を復習しておこう．関数の定義域に拘泥する必要はないので，以後，F は $\mathbb{R}^2$ から $\mathbb{R}$ への関数とする．F が (x_0, y_0) で全微分可能であるとは，ある実数 a, b が存在して，

$$\lim_{(h,k)\to(0,0)} \frac{F(x_0+h, y_0+k)-ah-bk-F(x_0, y_0)}{\sqrt{h^2+k^2}} = 0$$

が成り立つことである．

定義を与えたところで，どうしてこの式が重要であるかを二つの重要な公式を例に挙げて説明したい．全微分可能であることは物事を1次関数で置き換えられるから重要である．全微分可能であることは一言でいうならば，

$$F(x_0+h, y_0+k) = ah+bk+F(x_0, y_0)$$

が近似的に成り立つことを示している．つまり，h, k が十分に小さいときは上の式のように考えてよいということである．この考え方は物理の世界では単振り子の周期を近似的に計算するときに使う．関数が与えられると1次式に置き換えてもよいという発想はこれ以外にもいろいろなところであらわれるが，数学の公式を証明する際にも重要な役割を果たす．

$$\int_C f(x,y)\mathrm{d}x+g(x,y)\mathrm{d}y = \iint_D (g_x(x,y)-f_y(x,y))\mathrm{d}x\,\mathrm{d}y$$

で与えられるストークスの定理はいろいろな証明方法が知られている．定理の証明の難しさは二つに集約される．一つは関数の複雑さ，もう一つは領域の複雑さである．領域の複雑さは C や D がどのくらい複雑であるかということになるから，ここでは議論ができないので，とりあえず，多角形で適当な意味で近似できるということにしておく．ここでは関数の複雑さに関して説明したい．関数が全微分可能であると何がうれしいかというと，f, g は1次関数と思える

ところである．もちろん，無条件に f, g を1次関数と思うわけにはいかないが，C, D を適当に分割することで，実際にそのように考えてもよいことがわかる．この発想は微分積分学の複雑な定理，例えば変数変換公式にも当てはまる．この場合は領域間の変換関数 $F\colon D \to D'$ が全微分可能であるという仮定を課すことで，変数変換の公式を F が1次式の場合に帰着させれられる．

微分積分学において，多項式であらわすことができない関数を扱うことは重要である．しかし，多項式に対して使える解析の道具をほかの多くの一般の関数に対して，どのように使うことができるかに関しては，あまり講義では注目されなかったように思える．その橋渡しのための概念が全微分可能性であることは，微分積分の研究の重要な点であろう．

アーベル変形

解析学において，絶対収束という概念は重要な概念であり，級数の具体的な値がわからなくても少なくとも級数が収束するということがわかるので，非常に便利な道具である．さらに，絶対収束という概念が便利である理由として，優収束判定という道具がそこから生まれることである．この絶対収束という便利な道具が使える範囲では級数の収束や発散を論じることは比較的容易である．しかしながら，絶対収束は収束のための十分条件であるために，絶対収束しないが収束する場合は考察することができない．つまり条件収束する場合は個別に対応するしかない場合が多いので，苦労する．このような苦労を少しでも軽減してくれるのがアーベル変形である．アーベル変形とは

$$\sum_{n=1}^{N} a_n b_n = a_1 b_1 + a_2 b_2 + \cdots + a_n b_n$$

を $S_n = a_1 + a_2 + \cdots + a_n$ とおくことで，

$$\sum_{n=1}^{N} a_n b_n = S_1 b_1 + (S_2 - S_1) b_2 + \cdots + (S_n - S_{n-1}) b_n$$

$$= S_n b_n + \sum_{N=1}^{n-1} S_N (b_N - b_{N+1})$$

と変形する数式の変形方法である．例えば，$0 < r < 1$ のとき，

$$f(r) = \sum_{n=1}^{\infty} \frac{(-r)^n}{n}$$

は

$$f(r) = \sum_{n=1}^{\infty} \left(-\frac{1}{1}+\frac{1}{2}-\cdots+(-1)^n\frac{1}{n}\right)(r^n-r^{n+1})$$

と変形できて，その結果 $f(r)$ は $r\to 1$ で，$f(1) = -\log 2$ に収束することがわかる．$f(1)$ を与える式が絶対収束していないが，アーベル変形により結論が得られる．このようにアーベル変形により「土俵際」の状態が調べられることが多々あり，「土俵際」だからこそ新しい発見が得られるのである．

このr↑1 とする考え方は積分にも応用できるので，その側面を見てみよう．

$$\int_0^{\infty} \frac{\sin x}{x}\mathrm{d}x$$

は部分積分

$$\int_0^{R} \frac{\sin x}{x}\mathrm{d}x = \left[\frac{1-\cos x}{x}\right]_0^R + \int_0^R \frac{1-\cos x}{x^2}\mathrm{d}x$$

と

$$\int_0^{R} \frac{1-\cos x}{x^2}\mathrm{d}x \leqq \int_0^R 2\left(\min\left(\frac{1}{2x}, \frac{1}{2}\right)\right)^2\mathrm{d}x \leqq 10$$

からもわかるように，収束していることがわかる．そこで，

$$f(x) = \int_0^x \frac{\sin t}{t}\mathrm{d}t \qquad (x>0)$$

とおこう．今わかったことは $f(x)$ は $x\to\infty$ のときに収束することである．$\varepsilon>0$ とするとき，f は特に有界であるから，部分積分により

$$\begin{aligned}\int_0^{\infty} e^{-\varepsilon x}\frac{\sin x}{x}\mathrm{d}x &= \int_0^{\infty} e^{-\varepsilon x} f'(x)\mathrm{d}x = \varepsilon\int_0^{\infty} e^{-\varepsilon x} f(x)\mathrm{d}x \\ &= \int_0^{\infty} e^{-x} f(\varepsilon^{-1}x)\mathrm{d}x\end{aligned}$$

となる．$\int_0^{\infty} e^{-x}\mathrm{d}x = 1$ だから，$\varepsilon\downarrow 0$ としたとき，

$$\int_0^{\infty} e^{-\varepsilon x}\frac{\sin x}{x}\mathrm{d}x \to f(\infty) = \int_0^{\infty}\frac{\sin x}{x}\mathrm{d}x$$

である．ここで，

$$\int_0^\infty e^{-\varepsilon x}\frac{\sin x}{x}\mathrm{d}x=\int_{(0,\infty)^2}e^{-(\varepsilon+t)x}\sin x\,\mathrm{d}x\,\mathrm{d}t=\mathrm{Arctan}\left(\frac{1}{\varepsilon}\right)$$

なので,

$$\int_0^\infty\frac{\sin x}{x}\mathrm{d}x=\frac{\pi}{2}$$

と求まる.

連続体仮説

依岡輝幸
●静岡大学理学部

$$2^{\aleph_0} = \aleph_1$$

連続体仮説(Continuum Hypothesis，以降 CH と略記)は，数学者カントールによって提起された問題である．「CH は証明できるか」という問いは，以下で説明するように，ある意味で既に解決されているが，「CH は成り立つか」という問いは現在でも熱心に研究されている．CH が果たして数式であるのかはともかく，ぜひともここで紹介したい．

CH は，順序も距離も演算も何も備わっていない単なる集合という，最も素朴な数学的構造に関する数学の主張である．特に，集合すべてを“集合の持つ元の個数”という見方で分類する研究に関するものである．カントールは「ふたつの集合 X と Y が同じ個数の元を持つ(ここでは「対等」と呼ぶ)」という同値関係を「X から Y への全単射が存在する」ことで表現した．運動会の玉入れ競争が同点だった場合を連想してほしい．さらにカントールはこの同値類全体に，“元の個数の大小関係”を類推する順序関係，つまり「集合 X の同値類が集合 Y の同値類以下である」ことを「X から Y への単射が存在する」ことで定義した．勝敗のついた玉入れ競争を思い浮かべよう．

CH を語るには整列可能性が欠かせない．自然数における数学的帰納法は「空でない集合には最小の元がある」ことと同値であるが，これと同じ性質を満たすようにすべての元を一列に並べられる集合を整列可能という．有限集合は整列可能で，それらの同値類は自然数と一致する．選択公理を仮定すると，どの集合も整列可能になる(またその逆も成り立つ)．整列可能な無限集合の同値類全体は先ほどの順序関係に関して数学的帰納法と同様の性質を満たすので，それらは小さい順に並べられる．それらの標準的な代表元(その同値類に属する最小の順序数)を小さい順に，ヘブライ文字のアレフを用いて，$\aleph_0, \aleph_1, \aleph_2, \cdots$と書く．最も小さい無限集合である自然数全部の集合 $\mathbb{N}$ は $\aleph_0$ と対等である．よって CH の主役のひとつである $\aleph_1$ はまさに $\mathbb{N}$ の次に大きい無限を表す．

$\mathbb{N}$ から集合 $\{0,1\}$ への関数(0, 1 の無限列)全部の集合 $2^{\mathbb{N}}$ が整列可能なとき，この同値類の標準的な代表元を $2^{\aleph_0}$ と書く．実数全部の集合 $\mathbb{R}$ は集合 $2^{\mathbb{N}}$ と対等なので，$\mathbb{R}$ が(つまり $2^{\mathbb{N}}$ が)整列可能ならば，$\mathbb{R}$ のサイズ(濃度とも呼ぶ)は $2^{\aleph_0}$ となる．カントールの対角線論法より $\aleph_0$ は $2^{\aleph_0}$ と対等でない．このことと $\aleph_0 \leqq 2^{\aleph_0}$ より，$\aleph_0 < 2^{\aleph_0}$ が，つまり $\aleph_1 \leqq 2^{\aleph_0}$ が成り立つ．CH とは，$\mathbb{R}$ が整列可能でそのサイズ $2^{\aleph_0}$ が $\aleph_1$ と等しいことを意味する．これは「$\mathbb{R}$ は $\mathbb{N}$ の次に大きい無限集合である」ことだと思える．

ところで，$\mathbb{R}$ が整列可能でなくても「$\mathbb{R}$ は $\mathbb{N}$ の次に大きい無限集合である」ことを，例えば「$\mathbb{R}$ の無限部分集合は $\mathbb{N}$ もしくは $\mathbb{R}$ と対等である」と表現できる．これを弱い連続体仮説(wCH)と呼ぶ．wCH は CH から帰結され，$\mathbb{R}$ が整列可能なとき，wCH は CH と同値になる．これはこれで重要な話題なのだが，CH とは似て非なるものであることを指摘しておきたい．ちなみに，1900 年にパリで開催された第 2 回国際数学者会議の論文の英語訳によると，ヒルベルトは 23 の問題のひとつ目で「wCH を証明せよ」と「$\mathbb{R}$ は整列可能か」を問うている．

証明は数学の定理が成立することを強く保証する．しかし 20 世紀初めに発見された集合論の逆理は証明の信頼を奪い，数学の危機を生んだ．ヒルベルトは証明を形式化することでこの危機を回避するという指針を与え，その後，プリンキピア・マテマティカやツェルメロ-フレンケルの集合論の公理系(それに選択公理を加えた公理系)ZF(ZFC)などが構成された．1930 年，ゲーデルは不完全性定理と呼ばれる形式論理に関する定理を示した．これは ZF で証明も反証(その否定の証明)もできない主張を与えたが，この主張は通常の数学の主張とは異なるもののように思え，ZFで証明も反証もできない数学的主張はまだなかった．1939年になり，ゲーデルはCH(および選択公理)がZFで反証できないことを示し，さらに1963年にコーエンはCH(および選択公理)がZFC(およびZF)で証明できないことを示した．冒頭の「ある意味で既に解決されている」とはこの意味のことである．

コーエンは強制法という，まるでZFCのモデルを拡張するかのような手法を編み出した．非ユークリッド幾何の発見から平行線公準はユークリッド幾何の他の公準から導かれないことが示されたように，少し事情は違うが，CHの否定を満たす(部分的な)ZFCのモデルを構成するかのような強制法の議論から，CHの否定はZFCと無矛盾であることが示され，コーエンの結果が得られる．その後集合論の研究は強制法などとともに爆発的に進展した．さらに，さまざまな数学分野において当時の未解決問題がZFCで証明も反証もできないことが示されるという事件がときおり生じることになる．

CHのその後については松原洋「集合論の発展——ゲーデルのプログラムの視点から」(『ゲーデルと20世紀の論理学4』東京大学出版会)に任せ，ここでは$2^{\aleph_0}$よりもずっとなじみの少ないであろう$\aleph_1$について一言述べたい．$\mathbb{R}$は実体の確かな集合であるのに対し，$\aleph_1$は抽象的な存在のようだと思うかもしれないが，慣れれば決してそうではない．例えば1909年に発見されたハウスドルフギャップと呼ばれる自然数関数の列はその長さが$\aleph_1$であったり，1935年に発見されたアロンシャイン線(ω_1や$-\omega_1$や実数直線の不可算部分順序と同型な部分順序を持たない不可算稠密線形順序)のサイズは$\aleph_1$であったりと，$\aleph_1$は具体的な数学的構造の中でも現れる．また，$\aleph_1$上の組合せ論の研究から，トドロシェビッチはラムゼイ理論的な公理をいくつか導入し，集合論だけでなく例えばバナッハ空間の幾何学などに応用している．なお，$\aleph_1$については，筆者による『数学セミナー』の記事「連続体仮説」(2019年11月号特集・すごい反例)および「$\aleph_1$」(2021年12月号特集・この数が面白い!)もあわせて読まれたい．

さて，「CHはZFCで証明できるか」という問題は上記のように解決された．しかしそもそも知りたいことは“証明できるか”なのだろうか．もしそうだとしても，“数学において証明できる”ことと“ZFCにおいて証明できる”ことは同じだろうか．現場の数学者はあまりそう思っていないのではないかと思うのだが，もし違うのなら，よく言われる「数学の論理は厳密だ」という根拠はどこにあるのだろうか．また，証明された数学的主張は間違いなく成立しているだろうが，その逆も言えるだろうか．そもそも，数学者は数学的事実を知りたいのか，単に証明をしたいのか．どちらかというと後者でなく前者なのではないかと思うのだが，だとしたらいくつもの「証明も反証もできない数学的主張」にどう決着をつけるのか．集合論が発展し続けている原動力のひとつはこれらの謎の解明ではないかとも思う．

Dedekind環のイデアルの素イデアル分解

縫田光司
●九州大学マス・フォア・インダストリ研究所

$$\mathfrak{a} = \mathfrak{p}_1^{e_1}\mathfrak{p}_2^{e_2}\cdots\mathfrak{p}_n^{e_n}$$

前置き

『数学セミナー』編集部からの原稿依頼をいつも通り二つ返事でお引き受けした後，さて何を題材にしようかと悩み始めたわけです．あえて私が選ばれたからには，私が研究している暗号絡みの話がよさそうです．しかし，暗号理論で特に私好みの題材は，暗号技術の安全性をいかに定式化し証明するかなど論理の色が濃く，一つの「数式」で語るのは困難です．とはいえ該当する数式「なし」で原稿を書くのは気が引けます[1]ので，暗号にはこだわらずに題材を探しましょう．

最近，個人的な興味と，仕事にも少し関連するかもしれないことから，今更ながら整数論の本を読み始めました．その中で，表題に挙げたDedekind環のイデアルの諸性質を論じた箇所を読んだ際に「美しさ」を感じたので，今回は

1）ちなみに私の記憶によれば，私と共著距離が1である某氏は以前，学科の教員紹介のアンケート欄で「美しいと思う数式」の問いに「なし」と回答されていました．清々しいですね．

その話をします.

代数的整数論より

以下, 有理数体 $\mathbb{Q}$ の有限次拡大 K を(有限次)代数体と呼びます. 各 $a \in K$ は(最小多項式の係数の分母を払えば)何らかの整数係数多項式の根ですが, そのような多項式で最高次係数が1のものが取れるとき a は($\mathbb{Z}$ 上)整といいます. K の整な要素全体 $\mathfrak{o}_K$ は K の部分整域をなし, K の整数環と呼ばれます. 定義は省略しますが, $\mathfrak{o}_K$ は Dedekind 環になります(詳細は[1]などをご参照ください).

R を Dedekind 環, K をその商体とします(例えば $R = \mathfrak{o}_K$). R のイデアル全体の集合は, 積

$$\mathfrak{a} \cdot \mathfrak{b} := \left\{ \sum_{i=1}^{n} a_i b_i \;\middle|\; n \geqq 0,\ \ a_i \in \mathfrak{a},\ \ b_i \in \mathfrak{b} \right\}$$

によって可換な半群をなします. さらに考察の範囲を広げて, R のイデアル $\mathfrak{a}$ と零でない $d \in R$ を用いて「d 倍すると $\mathfrak{a}$ に属する K の要素全体」の形に書ける K の部分集合を, R の分数イデアルと呼びます. 通常のイデアルも分数イデアルの一種です. 分数イデアルについても上記の積が定義され, さらに分数イデアルの範囲ではこの積に関する逆元が常に存在して, 分数イデアル全体が可換群をなします.

通常の整数の集合 $\mathbb{Z}$ は代数体 $\mathbb{Q}$ の整数環です. $\mathbb{Z}$ ではどの非零要素も(順番や ± 1 倍を除き)唯一の素因数分解を持ちますが, 一般の代数体の整数環ではそうとは限りません. 例えば $K = \mathbb{Q}(\sqrt{-5})$ では

$$6 = 2 \cdot 3 = (1+\sqrt{-5})(1-\sqrt{-5})$$

です. しかし, 素数の代わりに素イデアルを考えると, 代数体の整数環(より一般に Dedekind 環)の非零イデアルは常に, 素イデアルの積への(順番を除き)唯一の分解を持ちます. 表題に掲げた数式では, $\mathfrak{a}$ は非零イデアル, $\mathfrak{p}_1, \cdots, \mathfrak{p}_n$ は $\mathfrak{a}$ の分解に登場する有限個の素イデアル, また $e_1, \cdots, e_n$ は分解における各々の素イデアルの重複度です. 通常の整数の素因数分解と似た形の分解が成り立っていることをご覧いただけると思います. 例えば, 体 $\mathbb{Q}(\sqrt{-5})$ で6は二通りに

分解されましたが，6が生成する整数環のイデアル(6)を考えると両者はさらに細分されて，素イデアルの積による唯一の分解

$$(6) = (2, 1+\sqrt{-5})^2 \cdot (3, 1+\sqrt{5}) \cdot (3, 1-\sqrt{5})$$

へと収斂します．

これらの性質それ自体から美しい調和が感じられることに加えて，$\mathbb{Z}$における素因数分解の唯一性が舞台を代数体に移していったんは失われたものの，素イデアル分解へと形を変えて復活する，という物語性も心を打ちます．またその証明も，Dedekind環のNoether性が随所に活躍し，巧さを感じさせます．

暗号理論再び

言うまでもなく，こうしたDedekind環のイデアルの性質は，他分野を引き合いに出さずとも純粋に数学的に素晴らしいものです．実際，前の節には暗号の「あ」の字も出てきませんでしたね[2]．

一方で，このような純粋数学的に見える理論にもちゃんと(？)暗号との関連があります．現代暗号の多くは巨大な整数の素因数分解の計算が難しいことを前提としており，現時点で最も高性能な素因数分解法である数体篩《ふるい》法の性能評価が実用上重要ですが，実はこの数体篩法はある種の代数体における素イデアル分解を用いているのです．また，ある意味で「良い」群の発見が優れた暗号の設計に繋がることがあります[3]が，2015年の論文[2]で，ある代数体の整数環(正確には，そのある部分環)の分数イデアルがなす群(正確には，単項生成な分数イデアルのなす部分群で割ったイデアル類群)が暗号の設計に用いられました．こうして，代数体の性質は最新の暗号理論にも応用されています．

『西遊記』に，孫悟空が地の果てまで飛び続けるも未だ釈迦如来の掌上にあったという場面があります．数学と応用の関係は，数学の世界を遠く歩んだと思えば他分野への意外な応用が現れ，また数学を離れ応用を追求していく中で不

2）イデアルの「ア」はたくさん出てきましたが．

3）『数学セミナー』2015年7月号「暗号と数学の関わり」でも，群と暗号技術の関係について少し紹介しています．

意に面白い数学の種に出くわし，まるで釈迦如来の両の掌を組んだが如く，進めど尽きぬ不思議に満ちているようです．

参考文献

[1] 森田康夫著『整数論』，東京大学出版会，1999.

[2] G. Castagnos, F. Laguillaumie, "Linearly Homomorphic Encryption from DDH", in: *Proceedings of CT-RSA* 2015, Lecture Notes in Computer Science vol. 9048, Springer, 2015, pp. 487–505.
（プレプリント版：http://eprint.iacr.org/2015/047）

同期現象と蔵本モデル

千葉逸人
●東北大学材料科学高等研究所

$$\frac{d\theta_i}{dt} = \omega_i + \frac{K}{N}\sum_{j=1}^{N}\sin(\theta_j-\theta_i), \qquad i = 1, \cdots, N$$

光の屈折に関するホイヘンスの原理で有名なホイヘンス(Christiaan Huygens, 1629-1695)は，精度のよい振り子時計の開発に没頭していた時期がある．1665年のある日，病のため床に臥していたホイヘンスは，壁に掛けていた2つの時計の振り子が逆位相で完全に“同期”しているのに気が付いた．一方が「チック」と右に振れるタイミングで，もう一方は「タック」と左に振れ，まるで鏡に映った1つの時計を見ているかのように，対称な運動を維持していた．不思議に思ったホイヘンスは片方の振り子の位相を少しずらしてみたが，しばらく待っていると，2つの時計が申し合わせているかのように徐々に対称な運動に戻っていった．壁に掛けた時計の振り子が揺れるとわずかに壁が振動する．その壁の振動がもう一方の時計の振り子に影響を及ぼす．壁の微少な振動を通して，2つの振り子は互いに相互作用を及ぼし合っていたのである．ホイヘンスは原因を調べるためにいくつかの実験を行い，簡単な論説を書いている．このとき，はじめて同期現象が学界に現れたのである．

今日では，さまざまな同期現象が知られている．ある種の蛍は，多数集まると同じタイミングで明滅を繰り返すことがある．同じタイミングで発光してより大きな光を作り出すことで，異性を引き付けやすくしているようだ．人体は同期現象の宝庫である．1つ1つのニューロンは弱い信号(電流)しか発することができないが，ある集団のニューロン群が同期して一斉に発火することで，大きな信号を作り出すことができる．心筋細胞は膨張と収縮をリズミカルに繰り返すが，細胞たちが同期して同じタイミングで膨張・収縮することで，心臓の拍動が生まれる．

このような同期現象が起こる数理的なメカニズムを明らかにするため，1975年，蔵本由紀は冒頭に示したモデルを提案した[2,3]．N 個の振動子(周期運動している対象)が相互作用を及ぼし合っている系を，微分方程式としてモデル化したのである．今日では蔵本モデルの名で呼ばれ，同期現象を記述するモデルの中で最も有名であろう．

ここで $\theta_i = \theta_i(t)$ は i 番目の振動子の位相，ω_i は自然振動数と呼ばれる定数，K は結合強度を表す．結合強度が0のときは振動子たちは結合しておらず，自身の角速度 ω_i で円周上を運動する．したがって例えば $\omega_j > \omega_i$ ならば，θ_j は θ_i を何回でも追い越す．ところが K が正のときは相互作用 $\sin(\theta_j - \theta_i)$ を通して θ_i と θ_j の間に引力が働く．よって K が十分大きければ，θ_i と θ_j の間に周回遅れが生じなくなると期待される．実際，ある閾値 K_c が存在し，$K > K_c$ となるとき次の意味で同期が起こることが知られている．すなわち，自然振動数の平均値に近い ω_i を持つ振動子たちが円周上にクラスターを形成し，周回遅れが生じることなくあたかも大きな振動子のように円周上を運動する(図1)．K が大きくなるにつれ，クラスターに引き込まれる振動子は増えていく．

この方程式の解析のため，蔵本は次で定義される秩序変数を導入した．

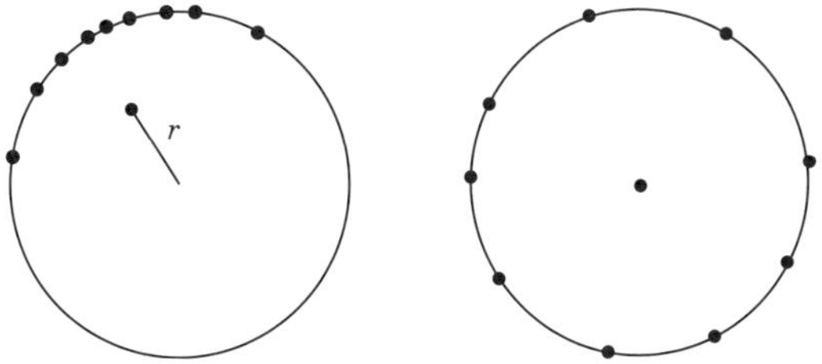

図1　(左)同期状態．(右)非同期状態．

$$r := \left| \frac{1}{N} \sum_{j=1}^{N} e^{i\theta_j(t)} \right|.$$

すなわち，rは単位円上に分布している振動子たちの重心の偏り具合を与える．したがって，rが正ならば同期状態であり，ほぼ0ならば同期が起きていないと解釈できる．蔵本はこの秩序変数を導入し，物理学者らしい形式的だが巧みな計算で次の予想に到達した．

蔵本予想　$N \to \infty$とし，自然振動数$\{\omega_j\}_{j=1}^{\infty}$はある確率密度関数$g(\omega)$に従って独立に分布しているとする．もし$g(\omega)$が偶関数かつ単峰型ならば，秩序変数$r$の分岐図は図2のように与えられる．すなわち，$K$が

$$K_c = \frac{2}{\pi g(0)}$$

よりも小さいときは$r=0$（非同期状態）が漸近安定である．$K=K_c$において相転移が起き，$K>K_c$のときはrが正なる同期状態が安定となる．この相転移点（蔵本転移点と呼ばれる）の近傍ではrの大きさは$\sqrt{K-K_c}$に比例する．

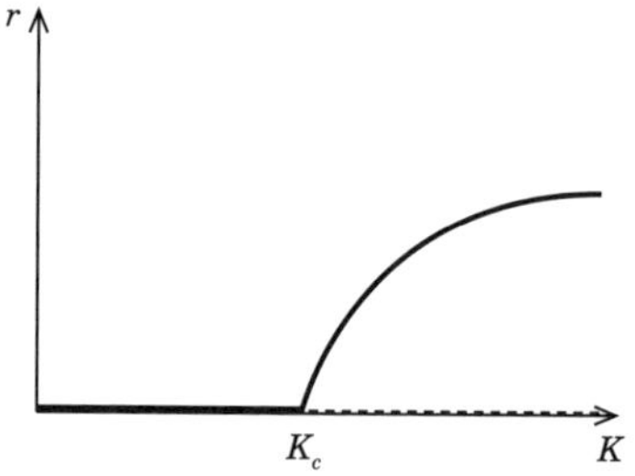

図2　秩序変数の分岐図．

蔵本が行った，数学的に厳密ではないが美しく簡明な計算（[4]に詳しい）に比して，この予想の厳密な証明が与えられたのはごく最近のことであり[1]，多くの難解な数学を必要とする．物理的に意味があるだけでなく，美しく洗練されており，かつ数学の発展を促すようなモデルを提案なされた蔵本先生の先見の明にはただただ感心するばかりである．

参考文献

［１］H. Chiba, “A proof of the Kuramoto conjecture for a bifurcation structure of the infinite dimensional Kuramoto model”, *Ergo. Theo. Dyn. Syst.*, **35** (3), pp. 762–834, (2015).

［２］Y. Kuramoto, “Self-entrainment of a population of coupled non-linear oscillators”, *International Symposium on Mathematical Problems in Theoretical Physics*, pp. 420–422. Lecture Notes in Phys., 39. Springer, 1975.

［３］Y. Kuramoto, *Chemical oscillations, waves, and turbulence*, Springer Series in Synergetics, 19. Springer-Verlag, 1984.

［４］S. H. Strogatz, “From Kuramoto to Crawford: exploring the onset of synchronization in populations of coupled oscillators”, *Phys. D* 143(2000), no. 1–4, pp. 1–20.

第3部

私の選ぶ「好きな予想」

結び目補空間予想

市原一裕
●日本大学文理学部

「私の好きな予想」について書いてください，というお話をいただき，少し悩んだのですが，ここでは結び目理論において長年未解決だった「結び目補空間予想」と，(最近，研究している)その一般化について書かせてもらおうと思います．

みなさんは，例えば子供の頃に「○○さんは□□だね」などと言われたことはないでしょうか．僕は小学生のころ，よく「市原くんはおしゃべりだね」と先生に注意されたのを覚えています．でも実際，おしゃべりをするかどうかは，そこに仲の良い友達がいるかが大きな要素ですよね．つまり，おしゃべりかどうかは，僕本来の性質(内在的性質)なのか，まわりの環境によるもの(外在的性質)なのか，よくわからない気がします….

なんだかずいぶん廻り道(脱線)な入り方をした気もしますが，要するに「こういうこと」が，3 次元空間内の「結び目」について成り立つかどうか，を問うているのが「結び目補空間予想」という予想です(でした)．

今から 100 年以上前の 1908 年，オーストリアの数学者 H. ティーツェ(Heinrich Tietze)が，教授資格申請論文として「多次元多様体の位相的不変量について」という論文を提出しました．この 108 ページに及ぶ大部の論文は，ポアンカレによる代数的トポロジーの創始に影響を受けたもので，今日でいう基本群やホモロジー群の理論の基礎を与えるものでした[1].

この論文の第V章，セクション15は部分多様体について述べられており，その中で3次元空間内の「結び目」の補空間が例として取り上げられています.（図1のような図も描かれています.）

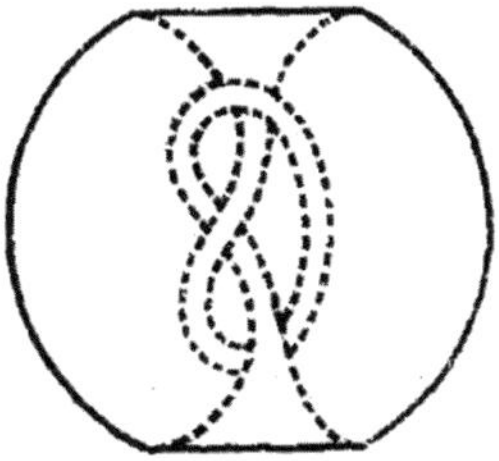

Fig. 3.

図1　ティーツェの論文の図(83ページ)

3次元空間内の結び目(knot)とは，直感的に言えば，(そのままですが)空間内で結ばれた紐のことです．ただし，1本の紐を結んだ後，その両端を接着剤などで貼り合わせて閉じた輪にします.

次ページ図2の左側は，いわゆるほどけている結び目で，自明な結び目などと呼ばれます．右側の結び目は最も簡単な自明でない結び目で三つ葉結び目(trefoil)と呼ばれています．このような結び目について研究を行うのが，位相幾何学(トポロジー)の一分野である結び目理論になります．ここでは詳しい結び目理論の説明は省略します．興味を持たれた方は，多くの良い入門書がありますので，ぜひご覧ください.

今，2つの結び目 K と K' が3次元球面 S^3 内にあったとします[2]．例えば，K を回転して K' に重ねられるということは，S^3 の回転移動(写像) r があって

1）例えば，基本群を可換化するとホモロジー群が得られるという結果，また，基本群の有限表示およびその群の表示の変形(今でいうティーツェ変換)などが，この論文には含まれています.

2）無限に広がる空間ではなく閉じた(コンパクトな)空間を考えたいため，3次元ユークリッド空間 $\mathbb{R}^3$ に無限遠点を付け加えた空間(3次元球面) S^3 の中で結び目を考えます.

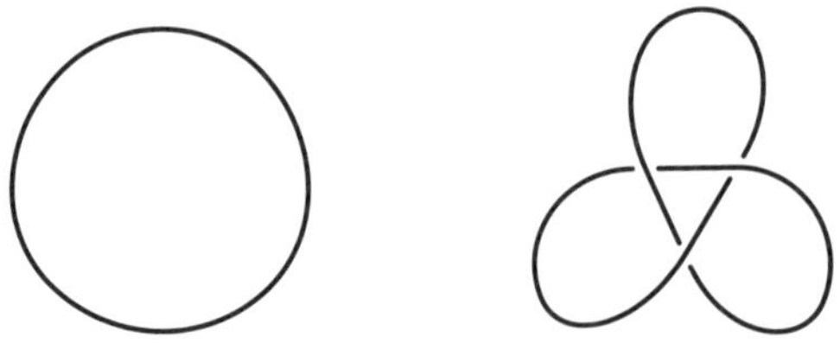

図2 ほどけた結び目と三つ葉結び目

$r(K)=K'$ とできることを意味します．同様に考えて，もし K を S^3 内で連続的に変形して K' に重ねることができたとすると，それは，ある S^3 から S^3 への向きを保つ自己同相写像（全単射かつ連続で逆写像も連続である写像）h が存在して $h(K)=K'$ となることを意味します．このようなとき，K と K' は同値であるといいます．

2つの結び目 K, K' が同値であるとき，S^3 の自己同相写像 h は K を K' に写すことから，その「補空間」つまり S^3-K と S^3-K' の間の同相写像が誘導されます．したがって，K と K' が同値であるならば，それらの補空間は同相になることがわかります．

この逆は成り立つだろうか，というのが1908年にティーツェが問うたことでした．（ティーツェ自身は予想という書き方はしていませんが．）これがその後，結び目理論の中でも特に有名な予想「結び目補空間予想」となり，長く未解決であり続けたのです．

一見して当然，成り立ちそうなことではあるものの，実は，紐の本数が2本以上の絡み目では成り立たないことがすぐにわかります．また，結び目ではなく頂点があるような空間グラフでも，すぐに反例が作れてしまいます．

この予想に対して，いろいろなアプローチによるさまざまな部分的解決を経て，最終的に完全な証明が与えられたのは，1989年のことでした．結局，解決まで80年以上，かかったことになるわけです．最終的に証明を与えたのは，テキサス大学オースティン校のC. McA. ゴードン（Cameron McA. Gordon）とJ. ルーキー（John Edwin Luecke）でした．得られた定理は次のようになります．

定理　2つの3次元球面内の結び目の補空間が同相ならば，その2つの結び目は同値である．

つまり，3次元球面内の結び目は，その補空間によって決まってしまう，ということがわかります．

一見すると非常にシンプルで80年以上も未解決だったとは思えません．しかしその証明は，それまでのさまざまな研究の上に，さらに独創的な手法によってなされた非常に複雑かつ精緻なものでした．

どうしてこんなに証明が複雑なのか，また，本当の難しさはどこにあるのか，とても不思議です．そして，当然成り立つというような自然なカラクリ(メカニズム)が，まだ隠されているような，そんな気もしてしまいます….

その後，この結び目補空間予想(定理)が，より一般の3次元多様体内の結び目についても成り立つだろうか，という問いが，1990年のゴードン先生のICM(国際数学者会議)招待講演の際の報告論文で提起されました．(よく知っていてお世話になったので，先生と書かせてもらっています．)　この一般化された結び目補空間予想は，それから30年経ちますが，まだまだ未解決です．僕自身，少しでも貢献できないかと，ここ数年，取り組んではいますが….

もうずいぶん前になりますが，まだ大学院生だった頃，まったく数学には関係のない知り合いに，このような話をしたら，とても興味を持ってもらえて嬉しかったことを覚えています．図1のような絵を描いて，虫食いリンゴの例を出して説明をしてみたのですが，数学者っておもしろいことを考えるんですね～，と楽しんでもらえました．なんとなくでも，そんなおもしろさが伝えられれば幸いです．

ヒルベルトの第10問題の仲間たち

木原貴行
●名古屋大学大学院情報学研究科

1……ディオファントス方程式

2019年,「立方数の3つの和」に関する大きなニュースがあった．整数kに対する方程式$x^3+y^3+z^3=k$の整数解の存在を問う問題である．たとえば，$k=29$ならば，$3^3+1^3+1^3=29$であるから，$(x,y,z)=(3,1,1)$が整数解の1つである．一方で，$k=32$のとき，つまり$x^3+y^3+z^3=32$を考えると，これには整数解が存在しない．このニュースは，$k=33, 42$の場合の整数解が発見された，というものである．

まず，$x^3+y^3+z^3=33$の整数解をお見せしたい．

$$(8866128975287528)^3+(-8778405442862239)^3+(-2736111468807040)^3=33$$

この解は，2019年，数学者のブーカー(A. R. Booker)氏が，探索アルゴリズムの改良につぐ改良の果てに，ついにスーパーコンピュータを3週間走らせることで発見できたそうである．それからすぐに，ブーカーは，サザランド(A. V. Sutherland)氏とともに，Charity Engineという大規模な計算プラットフォームを用いて，$x^3+y^3+z^3=42$の整数解を発見することにも成功した．

$$(-80538738812075974)^3+(80435758145817515)^3+(12602123297335631)^3=42$$

ともあれ，$x^3+y^3+z^3=k$という一見簡単な方程式でさえ，整数解を求めるのは容易ではないことを実感してもらえただろうか．

立方数の和のように，整数を係数とする多変数の高次不定方程式は「**ディオファントス方程式**」と呼ばれるが，ディオファントス方程式に関する最も有名な定理は，$n \geqq 3$ について $x^n+y^n=z^n$ の自然数解は存在しないことを述べる，フェルマーの最終定理(ワイルズの定理)であろう．$n=3$ に対するフェルマーの最終定理は，1760 年のオイラー(L. Euler)によって証明された．つまり，立方数の 2 つの和が立方数になることはない．1769 年，オイラーは，$n \geqq 3$ について，n 乗数の $n-1$ 個の和が n 乗数になることはないと予想した．つまり，$x_1^n+x_2^n+\cdots+x_{n-1}^n=x_n^n$ の自然数解 $(x_1, \cdots, x_{n-1}, x_n)$ は存在しないであろう，と．

この解決を与えたのは，1967 年に出版された「数学における最も短い論文」とされるものの 1 つである．たった数行からなるその論文には，こう書かれている．CDC 6600 (という当時のスーパーコンピュータ)による探索によって，

$$27^5+84^5+110^5+133^5=144^5$$

という反例が得られた，と．これは，コンピュータを利用して数学の未解決問題を解決した，早期の論文の 1 つでもある．

2……ヒルベルトの第10問題

一般に，与えられたディオファントス方程式に整数解が存在するか否かを知りたいとしよう．これまでに見たように，ある方程式に解が存在するならば，コンピュータによる全探索で解をいつか発見できるだろう．しかし，解が存在しない場合はどうだろう．コンピュータによる探索で 100 年経っても解が発見できなかったら，さすがに解は存在しないと断言してもいいだろうか．しかし，100 年間見つからなかったものが 150 年後に見つかることもある．実際，上で述べた $x^3+y^3+z^3=42$ の整数解の探索は，数十万台の PC が接続された計算プラットフォームを用いており，解の探索に利用した大量の PC の計算時間を累計すると，約 150 年に達するそうである．

結論を言えば，ただの全探索は，解の存在証明には役立っても，非存在証明に対しては無力である．だからといって，解の非存在証明が絶対に不可能というわけではないし，全探索以外の良いアルゴリズムがあるかもしれない．つまり，解の存在証明だけではなく**非存在証明にも適用可能な**有限的なアルゴリズムは存在するだろうか．これが，数学者ヒルベルト(D. Hilbert)が，120 年前に辿り着いた問題である．

問題 1（ヒルベルトの第 10 問題） 任意個の未知数を持ち有理整数を係数とするディオファントス方程式について，それが有理整数で解けるか否を有限の操作で決定できるようなプロセスを考案せよ．

整数係数ディオファントス方程式の解の存在判定は，それが存在する場合には総当りで有限時間で解ける，というタイプの典型的な問題である．このタイプの問題は，**再帰的可算**と呼ばれ，**RE** と略記される．以下，自然数上の 2 値（{**true**, **false**} 値）関数のことを決定問題と呼ぶ．

定義 1 決定問題 Q が**ディオファントス的**であるとは，ある整数係数多項式 $p(z, x_1, \cdots, x_k)$ が存在して，次を満たすことである．

$Q(n) = \mathbf{true}$

$\Longleftrightarrow p(n, a_1, \cdots, a_k) = 0$ となる整数 $a_1, \cdots, a_k$ が存在する．

ディオファントス的な決定問題は必ず **RE** である．1936 年，チューリング(A. M. Turing)は，**RE** な決定問題で，計算可能な方法では解くことのできないものが存在することを発見した．こうして，計算不可能な **RE** 問題が存在することが発見されたわけであるから，ディオファントス方程式の可解性を判定するアルゴリズムが存在しないという可能性も現実味を帯びてくる．

1949 年，デイヴィス(M. Davis)は予想した．もしかすると，**RE** であることとディオファントス的であることは同値なのではないだろうか．もし，この予想が正しければ，チューリングの定理と組み合わせて，計算不可能なディオファントス的問題が存在することとなる．特に，ヒルベルトの第 10 問題の否定的解決が与えられる．

このデイヴィスの予想は，ロビンソン(J. Robinson)，パトナム(H. Putnam)らによって徐々に部分的解決が与えられることとなる．この予想に最終的な解決を与えたのが，1970 年，若き数学者マチャセヴィッチ(Y. Matiyasevich)であり，これによって，ついにヒルベルトの第 10 問題の否定的解決が宣言された．

定理 2（MRDP 定理） ディオファントス的であることと **RE** であることは同

値である．特に，整数係数ディオファントス方程式の整数解の存在を有限時間で判定するアルゴリズムは存在しない．

3……ヒルベルトの第10問題の仲間たち

一方で，たとえば1変数の整数係数ディオファントス方程式の整数解の存在・非存在を有限時間で判定するアルゴリズムは存在する．つまり，変数の数が少なければ，存在・非存在の判定が可能になることもありうる．これについては，中国の数学者，孫智偉(Z. Sun)による11変数の場合の非可解性が現時点でのベスト・レコードである．これを10変数以下に減らせるか，次数をどれくらいまで下げられるか，などの多数の未解決問題が残されている．具体的には，最初に述べた「立方数の3つの和」は3変数ディオファントス方程式である．与えられたkについて，$x^3+y^3+z^3=k$が整数解(x, y, z)を持つか否か判定できるだろうか．この問題は，未解決である．

また，整数以外の代数構造に対するヒルベルトの第10問題も深く研究されている．現在最も注目を浴びているのは，有理数に対するヒルベルトの第10問題，つまり，有理数係数方程式が有理数解を持つか否かを有限時間で判定するアルゴリズムは存在するか，という問題である．解決のためには，「$\mathbb{Q}$上ディオファントス的 = **RE**」を示せばよい．このために，「$\mathbb{Z}$が$\mathbb{Q}$上ディオファントス的」であればいいのだが，たとえばメイザー(B. C. Mazur)が提示したある数論的予想が正しければ，「$\mathbb{Z}$は$\mathbb{Q}$上ディオファントス的でない」ことが示されてしまう．

$\mathbb{Q}$の部分環に関するヒルベルトの第10問題もある．$\mathbb{Q}$の部分環は，素数の集合$W \subseteqq \mathbb{P}$に対する環$\mathbb{Z}[W^{-1}] := \mathbb{Z}\left[\frac{1}{p} : p \in W\right]$と対応する．そうすると，たとえば，ランダムに選ばれた素数の集合Wに対する$\mathbb{Z}[W^{-1}]$の振る舞いなどを調べることができる．つまり，n回目のコイン投げで，n番目の素数p_nをWに加えるかどうかを定めよう．ヒルベルトの第10問題の解決は，「$\mathbb{Z}$上ディオファントス的 = **RE**」が鍵であったが，興味深いことに，$\mathbb{Q}$のランダムな部分環でこれは成立しない．

定理３ 確率１で，「$\mathbb{Z}[W^{-1}]$ 上ディオファントス的 $\neq \mathbf{RE}^{W}$」である．

この定理は数論的な深みがあるわけではなく，ディオファントス性はパラメータの正データにしかアクセスしないのに対して，**RE** 性はパラメータの負データにアクセスすることに起因する．

多くの研究者は，$\mathbb{Q}$ 係数ディオファントス方程式の可解性を判定するアルゴリズムは存在しないと予想している．ところが，定理３のように，ディオファントス性と **RE** に乖離がある可能性が示唆されている．これらを合わせると，この問題は「計算可能」と「**RE** 完全」の中間の複雑性クラスに属すのではないか，と予想する人も現れる．1944 年，ポスト(E. L. Post)は，「計算可能」と「**RE** 完全」の中間の複雑性クラスの存在を予想したが，この中間クラスに属す自然な決定問題の存在は現時点では知られていない．$\mathbb{Q}$ 上のヒルベルトの第 10 問題に関する予想は，ポストの予想の自然な解決へと切り込み，計算可能と計算不可能の境界線への新たな挑戦となるのではないか．そういう期待も込められている．

最後に，なぜこれらの問題群を魅力的と感じるかという点について触れておきたい．本稿で触れた問題群は，存在証明のみならず非存在証明を可能にする有限的なアルゴリズムの存在を問うものである．肯定的な解決は，非存在証明の一般的な手続きを与え，それは非常に衝撃的で興味深い．しかし，たとえ否定的な解決であったとしても，つまりはアルゴリズムの非存在証明が示されることとなる．どちらの解決であれ，「非存在」というアプリオリには無限的な言明が有限的な何かに還元される．そういうところに魅力を感じるのである．

参考文献

［１］A. R. Booker, Cracking the problem with 33. *Research in Number Theory* 5(26), 2019.

［２］A. R. Booker, A. V. Sutherland, On a question of Mordell. Proc. Natl. Acad. Sci. U. S.A. 118(11), e2022377118(2021).

［３］K. Kramer, R. Miller, The Hilbert's-Tenth-Problem Operator. *Israel J. Math.*

230: 693–713(2019).

[4] L. J. Lander, T. R. Parkin, Counterexample to Euler's conjecture on sums of like powers. *Bull. Amer. Math. Soc.* 72(6): 1079(1966).

[5] B. Poonen, Undecidability in number theory. *Notices Amer. Math. Soc.* 55(3): 344–350(2008).

掛谷予想
掛谷集合のハウスドルフ次元

新井仁之
●早稲田大学教育・総合科学学術院

1……はじめに――ハウスドルフ次元

20世紀初めにハウスドルフは，複雑な集合の大きさを測れる測度と次元を導入した．ハウスドルフ測度とハウスドルフ次元である．

たとえば曲線を考えてみよう．曲線に対しては「長さ」という量が定義されている．長さが有限の場合は，その長さを精密に計算，あるいは評価することができる．しかし長さが有限でない場合は，それ以上測りようがなくなってしまう．これに対して，ハウスドルフ測度には次元と呼ばれるパラメータが備わっており，このパラメータを変えることにより，長さが有限でない曲線の大きさ(厚さ)を測ることができる．

例としてコッホの雪片曲線を見てみよう．

この曲線の長さは有限ではないが，丁度 $\frac{\log 4}{\log 3}$ 次元ハウスドルフ測度でコッホ曲線を測ると，0より大きい有限な値をとる．本稿では $\mathbb{R}^d$ 内のボレル集合

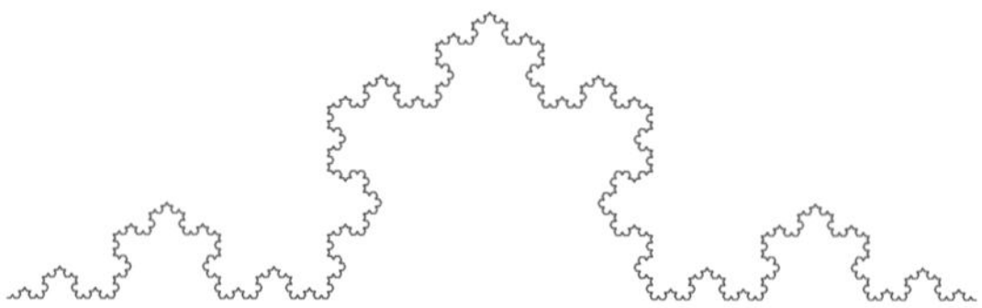

図1　コッホの雪片曲線

E に対する s 次元ハウスドルフ測度を $H^s(E)$ で表す．ハウスドルフ次元は

$$\dim_H(E) = \inf\{s \geqq 0 : H^s(E) = 0\}$$

により定義される．ボレル集合 E が $0 < H^s(E) < \infty$ をみたすとき，そのハウスドルフ次元は s であることが知られている．したがってコッホ曲線のハウスドルフ次元は $\dfrac{\log 4}{\log 3}$ である．詳細は例えば[1]，[6]を参照してほしい．

2……掛谷予想

一般に集合のハウスドルフ次元を計算することはそれほど簡単ではない．ハウスドルフ次元を求める未解決問題として，掛谷予想（あるいは掛谷問題）と呼ばれるものがある．次のようなものである．$\mathbb{R}^d$ のコンパクト集合 K が，すべての方向の単位線分を含み，d 次元ルベーグ測度が 0 のとき d **次元掛谷集合**，あるいは**ベシコヴィッチ集合**という．

掛谷予想　$d \geqq 3$ とする．d 次元掛谷集合のハスドルフ次元は d であろう．

$d = 2$ の場合はこの予想が正しいことが知られている（デーヴィス，1971）．

ところで前節で，$0 < H^s(E) < \infty$ ならば $\dim_H(E) = s$ であることを述べたが，2 次元掛谷集合 K の場合，$H^2(K) = 0$ であるが，$\dim_H(K) = 2$ となっている．このことは 2 次元掛谷集合が面積は 0 であるもののそれほど‘薄い’わけではないことを示している．

ところで，「＊＊の予想」といったときには，その＊＊が予想の提唱者であることが多い．掛谷予想の掛谷は，掛谷宗一（1886-1947）という数学者の名前であるが，掛谷の幾何の問題がもとになっているものの，掛谷自身が掛谷予想を提唱したわけではない．しかし，現在，世界的に掛谷予想（あるいは掛谷問題）と呼ばれている．

掛谷予想は，現時点で筆者の知る限りでは未解決である．ただし，いくつかの部分的結果がヴォルフ，タオ，ブルガン，カッツらによって得られている．

3……掛谷集合とフーリエ解析

掛谷予想とその主役である掛谷集合は，じつはいくつかの分野の問題と関連している．とりわけフーリエ解析との関わりは古く，しかも深い．まずそのうちの一つを紹介しておきたい．

フーリエ解析の最も基本的な問題は，フーリエ級数の収束問題である．1変数の場合，$[0,1]$ 上の可積分関数 f に対して，その部分和

$$s_N f(x) = \sum_{|n|\leqq N} c_n(f) e^{2\pi inx},$$

ただし

$$c_n(f) = \int_0^1 f(t) e^{-2\pi int}\, dt$$

を考える．$s_N f$ が f に収束するかというのが問題である．ここでは掛谷集合と関係の深い L^p ノルム収束に焦点を当てる．1変数の場合は，1927年にM. リースにより，$f \in L^p([0,1])$ $(1 < p < \infty)$ ならば，

$$\lim_{N\to\infty} \| f - s_N f \|_{L^p} = 0$$

が証明された．

しかし2変数以上になると様相が一変する．これは多変数の場合，部分和の取り方に多様性がでてくることに起因する．例えば d 変数 $(d \geqq 2)$ の場合

$$\sum_{|n_1|\leqq N, \cdots, |n_d|\leqq N} c_{n_1,\cdots,n_d}(f) e^{2\pi i(n_1x_1+\cdots+n_dx_d)},$$

$$\sum_{n_1^2+\cdots+n_d^2\leqq N^2} c_{n_1,\cdots,n_d}(f) e^{2\pi i(n_1x_1+\cdots+n_dx_d)}$$

といった部分和が考えられる．前者を方形和，後者を球形和という．方形和の場合は，多変数でもリースの定理が成り立つが，球形和の場合，リースの定理は成り立たない．1960年代の予想は $\dfrac{2d}{d+1} < p < \dfrac{2d}{d-1}$ に限れば L^p ノルム収束が成り立つというものであった．ところで，球形和の L^p ノルム収束の問題は，単位球 B に対するマルチプライヤ $T_B = \mathcal{F}^{-1}[\chi_B \mathcal{F}[f]]$（ただし $\mathcal{F}, \mathcal{F}^{-1}$ はそれぞれフーリエ変換，フーリエ逆変換）の L^p 有界性に帰着されることが知られ

ている．つまり問題は T_B が $\dfrac{2d}{d+1}<p<\dfrac{2d}{d-1}$ をみたす p に対して L^p 有界であろうという予想に言い換えられる．これは**円板予想**と呼ばれた．ところが1971年，C. フェファーマンは次の定理を発表した．

定理([3])　T_B は p が2でない場合，L^p 有界ではない．

フェファーマンの結果は，円板予想を覆すものであった．さらに人々を驚かせたのは，その証明であった．フェファーマンは，(シェーンベルグによって改良された)ベシコヴィッチによる**掛谷集合の構成方法を本質的に用いた**のである(証明は[3]，[5]を参照)．

さて球形和の収束はこのような厳しい状況なので，代用物として総和法が考えられる．その代表例がボッホナー-リース総和法である([5]参照)．ところが，ボッホナー-リース総和法の L^p 収束も一筋縄ではいかず，ボッホナー-リース予想という未解決問題がある．じつはこれにも掛谷予想が関連していて，「**ボッホナー-リース予想が正しければ掛谷予想も正しい**」ことがタオ，ブルガンらにより示された([7]参照)．このほかにも掛谷問題と絡む問題は少なからずある([7]，[4])．

4……むすび

今回，『数学セミナー』編集部から依頼されたテーマは「好きな予想」について解説することであった．掛谷予想が好きな理由の一つは，実解析学のさまざまな評価式の研究と深くつながっていることである．現在の掛谷予想の研究は，ある種の極大作用素の実解析学的な評価が主流になっている．

じつはもう一つ筆者自身が以前から興味をもっていることがある．それは掛谷集合の構成である．掛谷集合の構成法はいくつか知られているが，ほかに何か新しい構成方法はないものだろうか．新しい構成法が見つかれば，またこれまでとは違った掛谷予想へのアプローチ，掛谷集合の応用などが得られるのではないかとも思っている．ただし新しい構成法と言うのは簡単だが，実際に見つけることは難しい．

なお，掛谷予想に関して筆者による一般向け入門講義動画をオンデマンド配信している([2]).

参考文献

［1］新井仁之，『ルベーグ積分講義―― ルベーグ積分と面積 0 の不思議な図形たち』，日本評論社，2003.（改訂版，2023.）

［2］新井仁之，動画「掛谷予想入門」.
http://www.araiweb.matrix.jp/OpenLect.html

［3］C. Fefferman, The multiplier problem for the ball, *Ann. of Math.* (1971) 94(2), 330-336.

［4］『数学セミナー』2002 年 8 月号特集「掛谷の問題と実解析」.

［5］E. M. Stein, *Harmonic Analysis: real-variable methods, orthogonality, and oscillatory integrals*, Princeton University Press, 1993.

［6］E. M. Stein and R. Shakarchi, *Real Analysis, Measure Theory, Integration, and Hilbert spaces*, Princeton University Press, 2005（邦訳：エリアス・M. スタイン，ラミ・シャカルチ著『実解析』(新井仁之，杉本充，高木啓行，千原浩之訳)，日本評論社，2017).

［7］T. Wolff, Recent work connected with Kakeya problem, *Prospects in Math.* 1999, 129-162.

φ^4 場の理論のtriviality

原 隆
●九州大学数理学研究院

1……物理の問題としての φ^4 場のtriviality

ストリング理論を考えない場合，この世の根幹の物理法則は「場の量子論」で記述される．場の量子論では，この世のすべての物質や相互作用は「場」によって表現され，その「場」が量子力学に従う，と考える．場の量子論の数学的定義は非常に曖昧なので，なんらかの「正則化」が必要となる．

「φ^4 場の triviality」とは，「どのような正則化を取ってどのように努力しても，4次元時空においては，『φ^4–型』の場の理論で自由場でないものは構成できない」という予想である[1]．自由場とは粒子がまったく相互作用しないものだから，この予想は，「4次元時空では φ^4–型の場の理論で面白いものは構成できない」ことを主張する[2]．

これは非常に強い主張であるが，可能な「正則化」が多すぎて，数学の土台に乗りにくい．本稿では，「格子正則化」に限った場合に，「φ^4 場の triviality」が数学的にどのような問題で，その解決に向けてどのような進展があるのか，解説する．

1）triviality は「自明性」と訳されることが多いが，ここでの trivial は「（場の理論として）つまらない」の意味である．しかし数学での「自明」は，アタリマエを意味することが多く，誤解を招きかねない．本稿では triviality で統一する．

2）一方，非可換ゲージ理論を用いれば，相互作用のある場の理論を4次元で構成できることは期待されている．

2 ……格子正則化による場の理論の構成

場の量子論を構成する有力な方法の一つ「格子正則化」では，以下のように場の理論を構成する(本稿では「スカラー場の理論」に話を限る).

（1）d 次元ユークリッド空間の離散近似として，d 次元超立方格子 $\varepsilon\mathbb{Z}^d = \{(x^{(1)}, x^{(2)}, \cdots, x^{(d)}) | x^{(j)} \in \varepsilon\mathbb{Z}\}$ を考える．$\varepsilon > 0$ はパラメーター(格子間隔).

（2）$\varepsilon\mathbb{Z}^d$ の有限集合 Λ 上の各点 $x \in \Lambda$ に，実数値をとる確率変数(場の変数) φ_x を置き，

$$\left(\prod_{x\in\Lambda} d\varphi_x e^{-V(\varphi_x)}\right)\exp\left(-\zeta_\varepsilon \sum_{|x-y|=\varepsilon} (\varphi_x-\varphi_y)^2\right)$$

に比例して分布させる．$V(\varphi) = \mu_\varepsilon\varphi^2+\lambda_\varepsilon\varphi^4$ のとき，φ^4-**型の理論**という．$\lambda_\varepsilon\,(>0), \zeta_\varepsilon, \mu_\varepsilon$ はパラメーターである．これで統計力学でいうところの Λ 上の「スピン系」を定義した.

（3）確率変数 $\{\varphi_x\}_{x\in\Lambda}$ のモーメント

$$S^{(\varepsilon)}_{n,\Lambda}(x_1, x_2, \cdots, x_n) := \langle \varphi_{x_1}\varphi_{x_2}\cdots\varphi_{x_n}\rangle_{\varepsilon,\Lambda}$$

を定義し，n **点函数**と呼ぶ $(n = 1, 2, 3, \cdots)$．$\{\varphi_x\}_{x\in\Lambda}$ の分布に関する期待値を $\langle\cdots\rangle_{\varepsilon,\Lambda}$ で表した.

（4）$\Lambda \to \varepsilon\mathbb{Z}^d$ の極限を取り，無限格子 $\varepsilon\mathbb{Z}^d$ 上の確率変数 $\{\varphi_x\}_{x\in\varepsilon\mathbb{Z}^d}$ のモーメントを定義する：

$$S^{(\varepsilon)}_{n}(x_1, x_2\cdots, x_n) := \lim_{\Lambda\to\varepsilon\mathbb{Z}^d} S^{(\varepsilon)}_{n,\Lambda}(x_1, x_2\cdots, x_n)$$

（5）**パラメーター** $\zeta_\varepsilon, \mu_\varepsilon, \lambda_\varepsilon$ **を適切に調節**して $\varepsilon\downarrow 0$ の極限(**連続極限**)を取り，Schwinger 函数

$$S_n(x_1, x_2, \cdots, x_n) := \lim_{\varepsilon\downarrow 0} S^{(\varepsilon)}_{n}(x_1, x_2, \cdots, x_n)$$

を定義する.

（6）Osterwalder-Schrader (OS)の方法によって，Schwinger 函数を「時間変数」$x^{(d)}$ について解析接続し，Gålding-Wightman の公理系を満たす

Wightman 函数の組を作る．

（7）最後に GNS 構成法を用いて，演算子形式の量子力学(場の量子論)を構成して出来上がり．

上のプロセスのうち，(1)-(4)は，$\zeta_\varepsilon > 0$ ならほぼ自動的に行える．また(6)-(7)のプロセスは，(5)で構成した Schwinger 函数が OS の公理系を満たすなら，自動的に行える．さらに，OS の公理系は，上で示した確率分布の例では，$\zeta_\varepsilon > 0$ なら(回転対称性を除き)自動的に満たされる．したがって，上記プロセスの中で唯一工夫のしがいがあり，かつ**大変**なのは，(5)の連続極限の取り方(パラメーター $\zeta_\varepsilon, \mu_\varepsilon, \lambda_\varepsilon$ を ε の函数としてどう調節するか)である．

3……連続極限の条件とtriviality

連続極限において Schwinger 函数が満たすべき条件は以下の通りである．

1．OS の公理系(特に OS の正値性)を満たす．
2．物理的スケールで正しく減衰する．特に2点函数が $|x|$ の冪で，あるいは $\langle \varphi_0 \varphi_x \rangle \approx e^{-m|x|}$ のように減衰する(m は物理的質量に相当する正の数)．
3．ガウス場を表すモーメント函数にはなっていない(triviality に関連，後述)．

第1の条件がほぼ自動的に満たされることはすでに述べた．ユークリッド空間とミンコフスキー空間を行き来するには OS の公理系がほぼ必要十分条件なので，OS の公理系を要求するのは自然でもある．

第2の条件は，できた場の理論のグリーン函数が正しく振る舞うために要求される．この条件は $\varepsilon \downarrow 0$ の極限の後でこのように減衰することを要求しており，大雑把には「もともとの格子の世界では無限大の距離だけ進んで，初めて2点函数が減衰し始める」ことを意味する．これは格子上のスピン系の言葉で言えば，「パラメーター $\zeta_\varepsilon, \mu_\varepsilon, \lambda_\varepsilon$ を適切に調節して，$\varepsilon \downarrow 0$ でスピン系の**臨界点に**

限りなく近づける」ことを意味する．考えているスピン系が臨界現象を示す場合，第2の条件を満たさせることが可能である（$\xi_\varepsilon > 0$ の φ^4-系は臨界現象を示す）．

問題は第3の条件である．上記(6)-(7)のステップから，「Schwinger 函数がガウス場を表現すること」と「最終的に構成された場の量子論が自由場であること」の同値性が示される．この世を記述する場の理論は当然，自由場（相互作用のない場）であってはいけないので，第3の条件が要求される．

一見，第3の条件を満たすのはそれほど難しくないように見える．特に，$\lambda_\varepsilon > 0$ に取り続ければ，連続極限を取った後も，ガウス場とは異なるものができそうに思える．しかし，さまざまな解析の結果，4次元以上ではこれは不可能と思われるようになってきた．つまり現在では，「上の1-2の条件を要求する限り，**どのように苦労しても4次元以上では，連続極限はガウス場になってしまうだろう**」と予想されている．これが格子正則化における「φ^4 場の triviality」の予想である．

この予想は，「4次元以上のユークリッド空間において（OSの正値性と1-2の条件を満たす）**非ガウス場を構成することが不可能**であろう」とも表現できる[3]．非ガウス場の構成がこれほど難しいとは，かなり意外なことではないだろうか？

4……Trivialityの解決に向けて

Triviality の解決に向けては過去数十年，さまざまな試みがなされてきた．しかし本質的に非摂動的な問題であるため，解析は困難を極めている．代表的な解析手法には以下がある：

A．数値計算（モンテカルロ法，高温展開）
B．「くりこみ群」の考え方

3）$\lambda_\varepsilon < 0$ の連続極限を取った非ガウス場は構成できるが，これはほぼ確実にOSの正値性を満たさない．

C．格子上のスピン系のさまざまな性質(特に相関不等式とランダムウォーク)を用いた解析

Aの数値計算は扱える格子サイズの制約などのため，この問題にはあまり説得力のある結果を出せていない．また，Bのくりこみ群の方法は，**非常に明快な**物理学的および確率論的**描像**を与えるものの，それを数学的に厳密に裏付けることが非常に難しい．特にtrivialityの問題では「λ_εを**いくら大きくとっても**連続極限はガウス場」などを証明する必要があるが，このようにパラメーターの大きさに制限がない場合のくりこみ群解析は，未だに黎明期にある．

現在のところ，一番進展しているのはCの方法である．連続極限を取る場合には，格子系の「臨界点」に近づけることが必要であると述べた．統計力学系の臨界現象については，1960年後半から大きな進展があり，それらと場の理論の手法を合わせて用いることで，trivialityの問題にも大きな進展があった．

特筆すべきは以下の成果である[4)]．

（1）1980年代初頭，対象の系をランダムウォーク(また関連したrandom current)で表現することにより，5次元以上の系では，trivialityが証明された．これはAizenmanとFröhlichによる[1,2]．

（2）ほぼ40年が経ち，ついに2021年，AizenmanとDuminil-Copinによって，4次元でのtrivialityが証明された[3]．

証明の基になったのは，場の理論の相互作用(ガウス場からのズレ)を，ある種の(無限に長い)ランダムウォークの交叉確率として表す表式である．単純ランダムウォークの連続極限はブラウン運動であり，ブラウン運動のフラクタル次元は2である．2つの2次元的な物体がd-次元空間の中で交わる確率は，$d>4$ではゼロであると期待され，これは実際に単純ランダムウォークに対しては簡単に証明できる．φ^4場を表すランダムウォークは単純ランダムウォー

4）正確には，以下の成果では，スピン系の「臨界点直上」あるいは「高温相から臨界点に近づく」連続極限についてのtrivialityを証明している．

クよりももっと複雑で，特にマルコフ性を破っているが，その差異をも厳密に考慮した相関不等式を用いて，$d > 4$ の場合が解決された．

4 次元でも 2 つの単純ランダムウォークの交叉確率はゼロになる．しかし，φ^4 場を表すランダムウォークに対しては，**マルコフ性の欠如**のために十分強力な相関不等式が作れず，問題は未解決のままだった．最近の解決[3]は，ランダムウォーク表示よりも精密な random current 表示を用い，random current に内在する「近似的マルコフ性」を究極まで突き詰めることによって，単純ランダムウォークの交叉確率から得られる直感を厳密化した．証明は深くかつ美しい．この成果は間違いなく，数理物理学の金字塔の 1 つである．

5……終わりに

以上，簡単にこの問題の背景と現状を説明した．この問題は本来，非常に幅広いものであり，未解明の部分が数多く残されている．例えば：

- ほかの $V(\varphi)$ では？
- 場が多成分のベクトルの場合は？
- スピン系の低温相の側からの連続極限は？

Triviality は「4 次元空間における非ガウス測度の構成」という，数学的にも非常に魅力的な問題に深く関わっている．今後のさらなる発展に期待したい．

格子正則化と triviality については[4]の筆者の執筆部分を，格子上の統計力学モデルの数学的側面については[5]を，くりこみ群については[6]を参照．また，triviality についてのより詳しい解説については[7] も参照．

参考文献

［1］M. Aizenman: Geometric analysis of φ^4 fields and Ising models. Part I and II, *Commun. Math. Phys.* **86** (1982) 1–48

［2］J. Fröhlich: On the triviality of $\lambda\phi d^4$ theories and the approach to the critical point in $d >_{(=)} 4$ dimensions, *Nucl. Phys. B* **200** (2) (1982) 281–296

［3］M. Aizenman, H. Duminil-Copin: Marginal triviality of the scaling limits of critical 4D Ising and ϕ^4_4 models, *Ann. Math.* **194** (1) (2021) 163–235

［4］新井朝雄，河東泰之，原隆，廣島文生：『量子場の数理』．数学書房(2016)

［5］田崎晴明，原隆：『相転移と臨界現象の数理』．共立出版(2015)

［6］江沢洋，鈴木増雄，田崎晴明，渡辺敬二：『くりこみ群の方法』．岩波書店(1994)／岩波オンデマンドブックス(2016)

［7］原隆：「［フィールズ賞業績紹介］デュミニル=コパン」『数学セミナー』2023年1月号

ζ関数

阿部知行
●東京大学カブリ数物連携宇宙研究機構国際高等研究所

1……ζ関数とその拡張

有名なリーマンのζ関数は

$$\zeta(s) := \prod_{p:\text{素数}} \frac{1}{1-p^{-s}}$$

で定義される関数である．$\zeta(s)$ は $s > 1$ で収束し，その範囲で $\sum_{n>0} \frac{1}{n^s}$ と一致することが容易に分かる．リーマン予想の主張を述べるためには解析接続というきわめて非自明な操作をする必要がある．これは級数としては $\mathbb{C}$ の一部でしか定義されていない関数の定義域を自然な意味で拡張させる操作である．ζ関数は解析接続でき，$\mathbb{C}\setminus\{1\}$ で定義される(正則)関数となる．リーマン予想はζ関数の零点の位置に関する予想である．$\zeta(-2n)$ ($n > 0$ は整数)が 0 になることはζ関数の解析接続のやり方から分かる．リーマンはそれ以外の零点は $\mathrm{Re}(s) = 1/2$ という $\mathbb{C}$ の中の直線上に乗っていると予想した．この予想のもともとの動機は素数の分布の解明にあった．そのζ関数が素数分布とは無関係に見える数論の現象に関わっている様子を見てみよう．

ζ関数の話を続ける前に，数論の幾何学に関する話をしたい．現代の数論の大目標の一つは $\mathbb{Z}$ 上の方程式論を含む「幾何学」を構築することである．スキーム論はこの目標の一部を体現しているので数論には必須の言語である．スキーム論はきわめて大雑把に言えば(可換)環を幾何学的対象だと思う手法である．可換環 R に付随するアファイン・スキームと呼ばれる幾何学的対象は R の素イデアル全体の集合にある種の位相を入れたものである．ただこの位相空間だけ考えていても，我々が普段見ているユークリッド空間のような空間からかけ離れている．例えばこの位相はハウスドルフではないので，点は閉集合とは限らない．実は点が閉集合となる(閉点と呼ぶ)ことと，対応する素イデアルが極大イデアルになっていることは同値である．環を幾何学的対象としてみようとしたとき，もとの環はその幾何学的対象のある種の関数のなす環として現れて欲しい．しかしこの位相空間で例えば連続関数全体を考えてもあまり面白い物にならないし，R の情報をそこまで含んでいないことが分かる．そこでグロタンディークは初めから関数の情報も幾何学的対象の定義に含めることを思い立った．これは層という言葉を用いて記述される．つまり，アファイン・スキームは素イデアル全体の集合からなる位相空間と関数の情報が入った構造層と呼ばれるものの組である．このようにして得られる R に対応するアファイン・スキームを $\mathrm{Spec}(R)$ と書く．一般のスキームは，多様体のように，アファイン・スキームを貼り合わせたもののことを言う．

さて，この視点から ζ 関数を見直すと ζ 関数をスキームに対して一般化することができる．R を $\mathbb{Z}$ 上有限生成な環とする．このときスキーム $\mathrm{Spec}(R)$ に対する ζ 関数を

$$\zeta_{\mathrm{Spec}(R)}(s) := \prod_{\mathfrak{m}\in|\mathrm{Spec}(R)|} \frac{1}{1-\#k(\mathfrak{m})^{-s}}$$

で定義する．ここでスキーム X に対して $|X|$ は閉点の集合で，言い換えれば $\mathfrak{m}$ は R の極大イデアルを走り，$k(\mathfrak{m}) := R/\mathfrak{m}$ である．R の有限生成性により $R/\mathfrak{m}$ は有限集合になることに注意する．このように定義すれば $\zeta(s) = \zeta_{\mathbb{Z}}(s)$ であることがすぐに分かるし，$\mathrm{Spec}(R)$ をより一般の $\mathbb{Z}$ 上有限生成なスキームとしてもまったく同じ方法で ζ 関数を定義できる．

スキームには直感に合う次元の定義がある．古典的な代数的整数論は1次元スキームに対する理論だったということができる．そのなかでも類数公式には数論的に重要な不変量が勢揃いし，代数的整数論のひとつの頂と言える．$\mathcal{O}_K$ を $\mathbb{Z}$ 上有限生成なデデキント環で分数体の標数が0とする．すると類数公式の主張は

$$\lim_{s\to 1}(s-1)\zeta_{\mathrm{Spec}(\mathcal{O}_K)}(s) = \frac{2^{r_1}\cdot(2\pi)^{r_2}\cdot R_K\cdot|\mathrm{Pic}(\mathrm{Spec}(\mathcal{O}_K))|}{|(\mathcal{O}_K^\times)_{\mathrm{tor}}|\cdot|d_K|^{1/2}}.$$

ここで出現する不変量に関して詳しい説明はしないが，$|\mathrm{Pic}(\cdots)|$ は類数，$\mathcal{O}_K^\times$ は単数群，R_K は単数基準，d_K は判別式，r_i は実数または複素数体への埋め込みの個数から決まる数であり，どれも重要な数論的不変量である．実は他の整数点に関しても似たような重要な不変量を用いた公式が存在する．このようなことから ζ 関数の整数での値には数論的に重要な意味があると信じられている．

リーマン予想や ζ 関数の整数点での値の公式を $\mathbb{Z}$ 上有限生成なスキームに対して一般化し証明することは，現代数学の大きな夢である．

2……正標数体上のスキーム

$\mathbb{Z}$ 上のスキーム $\mathrm{Spec}(R)$ は R の分数体の標数によって二つのタイプに分けられる．一つは分数体が標数 0 のもので，$\mathbb{Z}$ 自身はこれに当てはまる．もう一方は分数体の標数が 0 より大きいものである．これには例えば $\mathbb{F}_p[x]$ という環などが入る．標数で分けただけのように思われるかもしれないが，この二つには大きな違いがある．すなわち，$\mathrm{Spec}(\mathbb{Z})$ の中で $(0)\in\mathrm{Spec}(\mathbb{Z})$ というイデアルは極大ではないが，$(p)\in\mathrm{Spec}(\mathbb{Z})$（$p>0$ は素数）というイデアルは極大イデアルであるということである．このタイプの分類は一般の $\mathbb{Z}$ 上有限生成なスキームに対しても行うことができる．古典的な代数的整数論もこれらのタイプの環を時に別々に扱っているが，最終結果は不思議なことにどちらも似たようなものとなるのであった．

このように分類したのは，二つ目の正標数上のスキームの方が取り扱いがずっと簡単だからである．ヴェイユは 1950 年代に正標数体上のスキームの ζ 関数に関する研究を行い，衝撃的な予想を提起した．ヴェイユ予想と呼ばれ，今では完全に解決している予想の主張を大雑把に述べると次のようなものである：X を $\mathbb{F}_p$ 上有限生成なスキームとすると

1．有理関数 $R\in\mathbb{C}(t)$ が存在して

$$\zeta_X(s) = R(p^{-s})$$

と書ける．

2．（リーマン予想類似）$\zeta_X(s)$ の極または零点は $\mathrm{Re}(s)=i/2$（i は $0\leqq i\leqq \dim(X)$ となる整数）という直線上に並んでいる．

ヴェイユはもっと詳しく R がどのような有理関数かなどに関しても予想しているが，割愛する[1)]．すでに述べたようにこの予想は今では定理である．実にさまざまな人が関わっているが，ドゥウォーク，グロタンディークが一つ目の予想を証明し，ドリーニュが二つ目のリーマン予想の類似を証明した．このように正標数上においてはすでにリーマン予想は知られているのである．注目すべきことは，リーマン予想の類似はリーマンすら思いつかなかったであろう使われ方をし，現代の数学の道具として強大な力を発揮していることである．例えば，上記のリーマン予想類似のさらに複素数体上の類似がドリーニュにより提唱され，最終的に齋藤盛彦氏がホッジ加群の理論を構築することで完成に至った．これは表現論を始め代数幾何学や数理物理にも多大な影響を及ぼしている．

さて，零点・極の位置が大まかに特定できたので次の目標は類数公式の一般化となる．実はこちらの方はとても困難で，現代数学ではきわめて重要な未解決問題として残っている．類数公式の前段階としてまず $\zeta_X(s)$ の整数点での零点または極の位数を決定を決定するのは大切な問題であろう．これはテイト予想と呼ばれる，ホッジ予想の数論類似とも言われる予想をもって記述される．

予想[2)]　X を滑らかかつ完備な $\mathbb{F}_p$ 上のスキームとする．このとき $\zeta_X(s)$ の $s=n$ での極の位数は $\mathrm{CH}^n(X)$ の階数と一致する．

この予想に出てくる $\mathrm{CH}^n(X)$ について説明する必要があるだろう．スキーム X は図形のようなものなので，その中に次元の低い図形，サイクルと呼ばれ

1）詳しくは筆者が Kavli IPMU News Vol. 35 において論説を書いたのでそちらを参照．https://www.ipmu.jp/sites/default/files/imce/press/N35_J02_Feature.pdf

2）実はこの主張はテイト予想そのままではなく，ベイリンソンの予想も用いた形である．

る閉部分スキーム，がたくさん含まれている．$\mathrm{CH}^n(X)$ は X の中の次元が $\dim(X)-n$ の閉部分スキームで生成される自由アーベル群をある種の同値関係で割ったものである．例えば X が曲線だった場合，$\mathrm{CH}^1(X)$ は X の(閉)点の集合から構成されているものであり，$\mathrm{Pic}(X)$ と書かれる群である．X がデデキント環に付随するアファイン・スキームの場合，これの階数を類数と呼んでいた．テイト予想の難しいところは，$\zeta_X(s)$ の極があるたびに $\mathrm{CH}^n(X)$ の元を構成しなくてはならない，すなわちサイクルを構成しなくてはならないことである．何か特別なスキームならサイクルを構成する術はあるかもしれないが，テイト予想を解決するためにはそれを一般のスキームで行わなくてはならないのである．現代の数学ではまったく取っかかりのない状態と言える．

3……一般のスキーム

一般の $\mathbb{Z}$ 上有限生成なスキームはさらに難しい．しかしここまで正標数上の出来事を俯瞰してきた最後に究極のゴールである一般の $\mathbb{Z}$ 上の ζ 関数に関しても見てみたい．とは言っても，期待されるべきことはおぼろげに見えている．リーマン予想はほぼそのまま高次元化できるし，類数公式の高次元版はドリーニュ予想やベイリンソンの予想を経て，究極的な形がブロック氏と加藤和也氏によって予想として提起されている．このブロック-加藤予想について述べたいところなのだが，紙数の都合という筆者にとって都合の良い言い訳があるので立ち入らない．ただし二つだけコメントを付け加えておく．まず，ブロック-加藤予想で中心的な役割を果たすのはモチビック・コホモロジーと呼ばれる $\mathrm{CH}^n(X)$ の進化形であり，予想の解決にはサイクルの深い理解が欠かせない．二つ目に，ブロック-加藤予想では類数公式のように零点や極の周りでローラン展開したときの係数も決定しているが，これには p 進ホッジ理論など現代数学の知恵を結集させる必要があった．つまり，公式を書き下すだけですでに現代の数論の知識が包括的に必要なのである．ブロック-加藤予想の威力は甚大で，バーチ-スウィンナートン=ダイアー予想という大予想すらブロック-加藤予想のほんの小さな「かけら」として含まれてしまっているのである．ブロック-加藤予想の解決には登らなくてはならない山々，しかもとんでもなく高い山々，が多すぎて私が生きている間に解かれるとは正直思えない．しかし，数学者としては他人が解いてくれるのを待っているのではなく，小さな山の一つでもよいから自分自身で踏破し，世界の誰もまだ見たことがない風景を眺めてみたいと思うのである．

(強) 指数時間仮説

小野廣隆
●名古屋大学大学院情報学研究科

1……背景と定義

理論計算機科学における最も有名な予想はおそらく P ≠ NP 予想であろう．これは計算量理論における予想である．ある問題が与えられたとき，それを解くための計算手続きをアルゴリズムという．アルゴリズムの計算量(時間)は，入力長 n の問題を解く際に実行する基本操作・演算数の上限値で定義される関数である．ある問題を解く計算時間 $f(n)$ のアルゴリズムがあったとき，その問題は $f(n)$ 時間で解けるといい，また $f(n)$ が適当な多項式以下ならば多項式時間で解けるという．大まかには，多項式時間で解ける問題のクラスを P といい，問題とその解が与えられたとき多項式時間で検証できる問題のクラスを NP という．P と NP の違いは解くことと検証することにあり，解けるならば検証もできるため P ⊆ NP であることはわかるが，P = NP か P ≠ NP かは不明である．今のところ P ≠ NP と思っている研究者が多数派を占めると思われる．

このクラス P と NP の関係の解決がミレニアム問題の一つである．この P ≠ NP 予想をここで取り上げてもよかったのかもしれないが，『数学セミナー』などでも過去何度も記事になっているため，本稿では少し踏み込んだ指数時間仮説(Exponential Time Hypothesis, ETH)について説明することにする．

背景知識としてアルゴリズムと計算量についてもう少し説明しておく．計算量を表す関数 $f(n)$ を簡潔に評価するため，適当な正定数 N, c に対して，

$f(n) \leqq cg(n)$ $(\forall n > N)$ が成立するとき $f(n) = O(g(n))$ と記す．また $\lim_{n\to\infty} f(n)/g(n) = 0$ であるとき $f(n) = o(g(n))$ と記す．例えば，$f(n) = 5n^{1.41}+9n$ であるならば，$f(n) = O(n^{1.41})$，$f(n) = O(n^2)$，$f(n) = o(n^{\sqrt{2}})$ などと書くことができる．適当な正定数 c, c' に対して，$f(n) = O(n^c)$ であるアルゴリズムを多項式時間アルゴリズムといい，$f(n) = O(c^n \cdot n^{c'})$ $(c > 1)$ であれば指数時間アルゴリズムという．指数は多項式よりはるかに速く増大するため，多項式部分を省略した $O^*(\cdot)$ 表記を用いて，$f(n) = O(c^n \cdot n^{c'})$ の代わりに $f(n) = O^*(c^n)$ と記すことがある．

問題に対して，それをできるだけ速く解くアルゴリズムを設計したい，あるいはその最小の計算時間を知りたいというのがアルゴリズム論の興味の対象であるが，この「最小の計算時間」,「最速」というのが曲者である．アルゴリズムを作れたとして，最速性を示すためには，より速いアルゴリズムが設計できないことを示さねばならない．つまり非存在性を証明しなければならないが一般にそれは容易ではない．

以上を踏まえて $\mathrm{P} \subseteqq \mathrm{NP}$ を眺めてみる．$\mathrm{P} \neq \mathrm{NP}$ を証明するにはPには入らずNPに入る問題が存在することを示せばよい．そのような問題の候補となるのがNP完全問題である．任意のNPに属する問題があるNP問題 A に多項式時間帰着できるとき，問題 A はNP完全であるという．つまりNP完全問題はNPの中で最も難しい問題である．そのような問題が存在するかどうか自体自明ではないが，例えば充足可能性問題(SATisfiability problem, SAT)という問題がそうであるというのが1971年クックによって示された．このため，SATに対する最速アルゴリズムの計算量が多項式ならば $\mathrm{P} = \mathrm{NP}$，超多項式ならば $\mathrm{P} \neq \mathrm{NP}$ となる．しかし，前述の通りSATの最速アルゴリズムを見つけることも至難の業である．

SATは次のような問題である：「連言(和積)標準形(Conjunctive Normal Form, CNF)で与えられた論理式が与えられたとき，これを真とするような割り当ては存在するか」．具体的には $f = (x_1 \vee \overline{x}_2 \vee x_3) \wedge (\overline{x}_1 \vee x_2 \vee x_4 \vee x_5) \wedge (\overline{x}_4 \vee \overline{x}_5)$ のような形の論理式はCNF式であり，$x_1 = 1$，$x_2 = 1$，$x_4 = 0$ とすると $f = 1$ となるため，この問題例の答えはYesである．特に各CNF節の長さが定数 k 以下であるとき，その式は k-CNFであるという．この論理式は2番目の節の長さが 4 であるため 4-CNF である．k-CNF 式を対象とした SAT を k-SAT といい，$k \geqq 3$ に対し k-SAT は NP 完全である．論理式を構成する変数が n 個であるならば，論理変数は 0 と 1 しか値を取らないため，2^n 通りの全割当てを試せばどの問題も答えを得ることができ，SAT は $O^*(2^n)$ 時間で解くことができることがわかる．また節の長さを限定した k-SAT も同様の計算時間で解くことができるが，$k=1,2$ ならば入力の線形時間で，$k \geqq 3$ においてもより速い指数時間で解くことができることが知られている．現在知られている最も速い k-SAT アルゴリズムの計算量は，例えば $k=3$ の場合に着目すると $O^*(1.328^n)$ である[3]．しかし，$k \geqq 3$ の定数に対し，k-SAT を解くアルゴリズムで計算時間が $2^{o(n)}$（例えば $2^{n/\log n}$ や $2^{n^{0.99}}$）であるようなものは知られていない．

この「知られていない」のを「存在しない」と仮定するのが ETH である[1]．「予想」の方が「仮説」よりも確からしく思える人にとっては P $\neq$ NP 予想，ETH（仮説）という言葉の選び方は納得できるかもしれない．ETH が真ならば (k-)SAT を解くのに指数時間かかるため P $\neq$ NP となるが，P $\neq$ NP が真だとしても ETH は真か偽かわからない．

さて ETH をもう少しフォーマルに定義しておこう．まず

$\delta_k = \inf\{\delta | k$-SAT を解く $O^*(2^{\delta n})$ 時間アルゴリズムが存在$\}$

と定義する．上述のように $k=1,2$ の場合は k-SAT は多項式時間で解くことができるため $\delta_1 = \delta_2 = 0$ である．このとき，**指数時間仮説（Exponential Time Hypothesis, ETH）**は

任意の自然数 $k \geqq 3$ に対して，$\delta_k > 0$

のことをいう．これは例えば $\delta_3 > 0$ と等価である．**強指数時間仮説（Strong Exponential Time Hypothesis, SETH）**とは，

$\delta_\infty = \inf\{\delta |$SAT を解く $O^*(2^{\delta n})$ 時間アルゴリズムが存在$\}$

としたとき，「$\delta_\infty = 1$」というものである．名前の通り SETH は ETH より強い仮説であり，SETH を仮定すると ETH を導くことができる．ETH, SETH はインパリアッツォとパトゥリ[2]により提唱された．

1）厳密には下で述べる定義とこれには少しギャップがある．

2……ETH, SETHから導かれること

繰り返しになるが，SETH, ETH は $P \neq NP$ よりも強い仮説であり，大未解決問題である $P \neq NP$ 予想の解決の足掛かりのために提唱されたものではない(と筆者は理解している)．まず例えば SETH を仮定すると上述の SAT を解く全探索型の $O^*(2^n)$ 時間アルゴリズムはオーダー的におよそ最速であることが言える．アルゴリズムの最速性の証明が容易ではないことを考えるとこれは大変ありがたい．ただこれだけならば単に証明をあきらめただけのように見えてしまうかもしれないが，もちろんそんなことはなく，ETH, SETH を用いることによりさまざまな計算量の限界を示すことができるのである．

例えば，ETH の下では k-SAT のみならず多くの組合せ最適化問題に対する劣指数時間 $(2^{o(n)})$ アルゴリズムが存在しないことが導かれる．さらに頂点被覆問題，支配集合問題などのグラフ最適化に対しては，グラフが n 頂点の平面グラフである場合，ETH の下では $2^{o(\sqrt{n})}$ 時間アルゴリズムが存在しない．いずれの問題も $2^{O(\sqrt{n})}$ 時間で解けるため，ETH の下でおよそ最小の計算量がわかったこととなる．

ETH はパラメータ化計算量における高速化の限界導出にも用いられる[1, 14 章]．パラメータ化計算量とは，入力長以外の適当なパラメータを用いてアルゴリズムの計算量を評価する考え方である．詳細は割愛するが適当なパラメータ k に対し，ETH の下で $O^*(2^{o(k)})$ 時間アルゴリズムが存在しない問題や $O^*(2^{o(k\log k)})$ 時間アルゴリズムが存在しない問題($k \times k$ クリーク問題など)，あるいは辺クリーク被覆のように，$O^*(2^{2^{o(k)}})$ 時間アルゴリズムが存在しないような例も知られている．これら問題にはそれぞれ $O^*(2^{O(k)}), O^*(2^{O(k\log k)})$, $O^*(2^{2^{O(k)}})$ といった計算時間のアルゴリズムが知られており，この場合も ETH の下でおよそ最小の計算量が得られている．

またさらに SETH は，多項式時間で解ける問題に対する高速化の限界を示すのに用いられている．劣指数時間アルゴリズムの非存在性に関する仮説が多項式時間アルゴリズムの高速化限界に影響を与えるのはとても興味深い．この

ような研究は細視計算量[2] (fine-grained complexity)などの名前で行われている[4]．例えばSETHを仮定すると，編集距離問題，最長共通部分列問題といった理論面・実用面からも重要な問題に対して，劣二乗時間アルゴリズムが存在しないことが示される．両者とも二乗時間アルゴリズムが知られているため，SETHの下ではおよそ最適な計算時間が達成されていることになる．

3……おわりに

以上，ETHやSETHを仮定した場合に得られるさまざまなアルゴリズム高速化の限界について駆け足で紹介したが，そもそもこれらの仮説を手放しに信用してよいものであろうか．{ETH, SETH}を{信じる，信じない}のさまざまな立場があるがETHをもっともらしいと思う人が多いのに対し，SETHに関しては若干疑わしい(ただ有用な)仮説ととらえる人が多いようである[1]．そうすると，真偽が疑われている仮説から高速化限界が得られたとして，その意義は何なのかと思う人もいるかもしれない．それに対して筆者は以下のように考えている：第一に上述の結果はETH, SETHの反証のターゲットを与えていることになる．例えば編集距離問題などの劣二乗時間アルゴリズムを発見すればそれはSETHの反証となるし，他も同様である．つまり，これら結果の積み上げ自体が仮説に対する証明・反証のアプローチの一部とも考えられる．第二に，仮説が証明されればそのまま結果は真として成立するし，反証されたとしてもすべての結果が消滅するわけではなく，その一部は新たな計算量の分類に引き継がれるであろう．あるいは開発された証明技法自体が成果物であり，新たな限界を解明するための武器になるに違いない．

実は筆者がETH, SETHを取り上げたもう一つの理由は，脊戸和寿さん(北海道大学)が「私はSETHは正しくないと信じている」と書いているのを思い出したからであった[5]．その記事で脊戸さんはウィリアムズ(MIT)の「ETHは70%，SETHは25%」という主観に基づく信頼度を紹介している($P \neq NP$は80%)．予想を取り上げた記事でその予想を信じない人の話に触れるのも面

2）この訳語は清水伸高さん(東京工業大学)による．

白いであろうと思ったのである．

謝辞　本稿を書くにあたり脊戸和寿さんにはさまざまな議論のお付き合いを，大舘陽太さん(名古屋大学)からはさまざまなコメントをいただきました．謝意を表します．

参考文献

［1］Marek Cygan, Fedor V. Fomin, Łukasz Kowalik, Daniel Lokshtanov, Dániel Marx, Marcin Pilipczuk, Michał Pilipczuk, and Saket Saurabh. *Parameterized algorithms*. Springer, 2015.

［2］Russell Impagliazzo and Ramamohan Paturi. On the complexity of k-SAT. *Journal of Computer and System Sciences*, **62**(2), pp. 367–375, 2001.

［3］Sixue Liu. Chain, Generalization of Covering Code, and Deterministic Algorithm for k-SAT. In *ICALP* 2018, **107**, pp. 88:1–88:13, 2018.

［4］Virginia V. Williams. Hardness of easy problems: Basing hardness on popular conjectures such as the strong exponential time hypothesis (invited talk). In *IPEC* 2015, **43**, pp. 17–29, 2015.

［5］脊戸和寿．Strong exponential time hypothesis．『LA シンポジウム会誌』，Vol. 74, pp. 15–20, 2020.

Brunn-Minkowski不等式

高津飛鳥
●東京都立大学大学院理学研究科

どのような不等式か

凸体の幾何学の根幹をなすBrunn-Minkowski理論は，以下の不等式を1887年にHermann Brunnが$n=3$の場合に示したことから始まり，そして世紀の変わり目にHermann Minkowskiがすべてのnに対して示したことによって，20世紀とともに花開きました．

Brunn-Minkowski不等式

$\mathbb{R}^n$の部分集合A, Bと実数tに対し，スカラー倍tAを

$$tA := \{tx \mid x \in A\}$$

で，Minkowski和$A+B$を

$$A+B := \{x+y \mid x \in A,\ y \in B\}$$

で定める．また，$\mathbb{R}^n$の可測集合Aのn次元Lebesgue測度(体積)を$|A|$と表す．

このとき，実数$\lambda \in (0,1)$と$\mathbb{R}^n$の凸体(内部が空でない有界閉凸集合)K, Lに対し

$$|(1-\lambda)K+\lambda L|^{\frac{1}{n}} \geqq (1-\lambda)|K|^{\frac{1}{n}}+\lambda|L|^{\frac{1}{n}}$$

が成り立つ．等号成立は，K, Lが平行移動および拡大縮小の差を除き等しいときに限る．

ここで可測集合とは体積を測ることができる集合のことです．また，凸体は三角形や四角形，円板などを一般化したものです．そして n 次元 Lebesgue 測度の斉次性より $|tA|=|t|^n|A|$ が成り立つので，上記の不等式は

$$|K+L|^{\frac{1}{n}} \geqq |K|^{\frac{1}{n}}+|L|^{\frac{1}{n}}$$

と同値であると分かります．$n=2$ とし，一辺 a の正方形 C_a^2 と半径 ε の円板 B_ε^2 に適用すると図１のようになります．

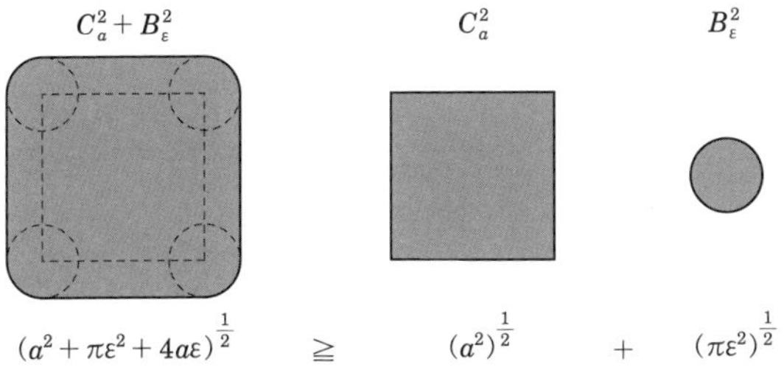

図１

さらに不等式を $\mathbb{R}^n$ の凸体 K と半径 ε の n 次元球体 B_ε^n に適用すると

$$\begin{aligned}(K\text{ の表面積}) &= \lim_{\varepsilon\searrow 0}\frac{1}{\varepsilon}(|K+B_\varepsilon^n|-|K|)\\ &\geqq \lim_{\varepsilon\searrow 0}\frac{1}{\varepsilon}\left\{\left(|K|^{\frac{1}{n}}+|B_\varepsilon^n|^{\frac{1}{n}}\right)^n-|K|\right\}\\ &= n|K|^{\frac{n-1}{n}}|B_1^n|^{\frac{1}{n}}\end{aligned}$$

となります．ここで $r:=\left(\dfrac{|K|}{|B_1^n|}\right)^{\frac{1}{n}}$ とすれば

$$|B_r^n|=|rB_1^n|=|K|,$$
$$(B_r^n\text{ の表面積})=nr^{n-1}|B_1^n|$$

が成り立つので，

$$(K\text{ の表面積}) \geqq n|K|^{\frac{n-1}{n}}|B_1^n|^{\frac{1}{n}}=(B_r^n\text{ の表面積})$$

となり，与えられた体積をもつ凸体の中で球体が表面積最小だと分かります．つまり，凸体に対しBrunn-Minkowski 不等式から**等周不等式**が従います．そしてBrunn-Minkowski 不等式は凸体から有界可測集合に拡張され，さらにPrékopa-Leindler **不等式**として積分型の関数不等式に一般化されたことにより，幾何学のみならず解析学の舞台にもあがりました．これらの歴史や事実は，例えばSchneider の本[3]やGardner のサーベイ[2]を参考にしてください．Gardner の言葉を借りると，Brunn-Minkowski 不等式は数学の海において蛸の如く触手を遍く伸ばし，色形を変え，ある分野から次の分野へと泳ぎまわります．蛸を追うと航海の先に何があるでしょうか？

予想と未解決問題

Brunn-Minkowski 不等式に関する予想や未解決問題として，$\mathbb{R}^n$ の n 次元Lebesgue 測度に対する理論を球面などの曲がった空間の測度に拡張するということは万人が思いつきそうです．無思想の拡張や一般化は銅鉄研究と揶揄されますが，Brunn-Minkowski 不等式の曲がった空間への拡張は，$\mathbb{R}^n$ の n 次元Lebesgue 測度では決して起こり得ない不思議な現象の発見や新しい概念の定式化を与えます．

Brunn-Minkowski 不等式の n 次元球面の一様測度への拡張は戦後すぐになされ，さらにその結果を用いて1970 年代にGauss 測度（正規分布）に拡張されました．ここで n 次元Gauss 測度は $\mathbb{R}^n$ 上の測度で，$\mathbb{R}^n$ の可測集合 A の体積を

$$\gamma^n(A) := \int_A (2\pi)^{-\frac{n}{2}} \exp\left(-\frac{|x|^2}{2}\right) dx$$

と積分で測ります．$n = 1$ とすれば，$\gamma^1([a, b])$ は曲線 $y = \dfrac{1}{\sqrt{2\pi}} e^{-\frac{x^2}{2}}$ と x 軸，および直線 $x = a$，$x = b$ で囲まれる部分の面積に相当します（次ページ図 2）．

また n によらず，いつでも $\gamma^n(\mathbb{R}^n) = 1$ が成り立ちます．そして n 次元Gauss 測度に対するBrunn-Minkowski 不等式より等周不等式が従い，与えられた体積をもつ可測集合の中で球体ではなく，半空間

$$H_b^n := \{(x_1, \cdots, x_n) \in \mathbb{R}^n \mid x_1 \geqq b\}$$

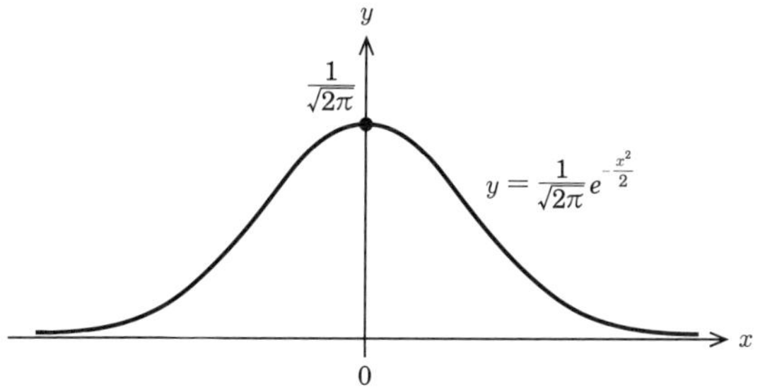

図2　曲線 $y=\frac{1}{\sqrt{2\pi}}e^{-\frac{x^2}{2}}$

が表面積最小だと分かります．ここで b は与えられた体積に依存して決まる実数です．すなわち Gauss 測度で測ると，有界集合である球体の表面積よりも非有界集合である半空間の表面積の方が小さくなるという，一見すると不思議な現象が起こります．

その後，Brunn-Minkowski 不等式は一般の Riemann 多様体(滑らかに曲がった空間)の測度に対して示されぬまま，21 世紀に測度距離空間(尖りも許す曲がった空間と測度の組)に対して示されました．証明の背後には最適輸送理論を用いた概念の定式化があります．Riemann 多様体の測度に対する Brunn-Minkowski 不等式は，主張のみならず証明さえも微分幾何の言葉で書き下せますが，より広い範疇の測度距離空間で発見されたところに数学の奥深さを感じます．

また Gardner[2]曰く，不等式を銀に喩えるならばその不等式の等号成立の必要十分条件は金であり，等号成立条件全体は光輝燦然たる情報を含む数学の宝石箱です．そして研究が進むにつれ，不等式の**定量評価**，すなわち，不等式の等号が成り立たないときの差を評価するという第3の金属が現れました．例えば，Figalli, Maggi, Pratelli[1]は $\mathbb{R}^n$ の凸体に対する Brunn-Minkowski 不等式の差を，集合の対称差

$$A \triangle B := \{z \mid z \in A \cup B,\ z \notin A \cap B\}$$

を用いて評価しました(次ページ図 3)．証明の要は最適輸送理論で，Alessio Figalli は 2018 年に最適輸送理論に関連する業績でフィールズ賞を受賞しています．

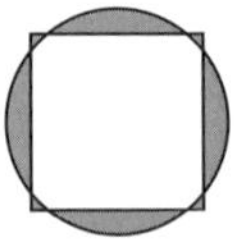

図 3　対称差 $C_a^2 \triangle B_r^2$.（ただし C_a^2, B_r^2 はともに原点対称で，$a < 2r < \sqrt{2}a$ とする.）

差を何で表すかによって評価が変わるため，金のように揺るぎない性質をもつ等号成立の必要十分条件とは異なり，定量評価は見る角度で輝きを変える宝石といえます．しかし見え方が変われど本質は同じなので，定量評価間の関係を調べることも大事です．

このように Brunn-Minkowski 不等式を介してたくさんのそして新しい宝島が見つかりましたが，未だ見ぬ景色を夢見て航海は続くと思います．

参考文献

［1］A. Figalli, F. Maggi, and A. Pratelli, “A refined Brunn-Minkowski inequality for convex sets” *Ann. Inst. H. Poincaré C Anal. Non Linéaire*, **26** (6), 2009, pp. 2511-2519.

［2］R. J. Gardner, “The Brunn-Minkowski inequality” *Bull. Amer. Math. Soc.* (*N. S.*), **39** (3), 2002, pp. 355-405.

［3］R. Schneider, *Convex bodies: the Brunn-Minkowski theory*, Second expanded edition, Cambridge University Press, 2014.

Alon-Tarsi予想

伊藤 稔
●鹿児島大学大学院理工学研究科

Alon-Tarsi 予想は，偶と奇のラテン方陣の個数に関する未解決の予想である．

ラテン方陣とは，どの行にも，またどの列にも同じ数が一つずつ並んだ行列のことで，パズルっぽい親しみやすさがある．実際，数独(ナンプレ)という人気のあるパズルは，ルールにラテン方陣の定義を含んでいる．また，魔方陣もパズル的な扱いをされることの多い対象だが，これもラテン方陣と関係が深い．

ラテン方陣の偶奇について理解するには置換の知識が要るが，それくらいの予備知識で Alon-Tarsi 予想の主張そのものは十分に理解できる．

パズルみたいな対象のわかりやすい未解決予想ということで，それだけでも心惹かれるが，この予想は行列式や超行列式とも密接に関係していて，行列式好きの私としては，その点でもいろいろ気になってしまう．

ラテン方陣とその符号

n 次のラテン方陣とは，$1, 2, \cdots, n$ という n 個の数がどの行にも一つずつ，またどの列にも一つずつ並んだ n 次正方行列のことである．たとえば２次のラテン方陣をすべて列挙すると

$$\begin{pmatrix} 1 & 2 \\ 2 & 1 \end{pmatrix}, \quad \begin{pmatrix} 2 & 1 \\ 1 & 2 \end{pmatrix}$$

となる．また次は３次のラテン方陣の一例である：

$$\begin{pmatrix} 1 & 3 & 2 \\ 3 & 2 & 1 \\ 2 & 1 & 3 \end{pmatrix}.$$

ラテン方陣には符号が定まる．n 次のラテン方陣は n 個の置換行列を用いて

$$1P(\sigma_1)+2P(\sigma_2)+\cdots+nP(\sigma_n)$$

と表せる（ただし $P(\sigma)$ は置換 σ に対応する置換行列）が，ここに現れる置換の符号の積

$$\mathrm{sgn}(\sigma_1)\mathrm{sgn}(\sigma_2)\cdots\mathrm{sgn}(\sigma_n)$$

をラテン方陣の符号と定めるのである[1]．

たとえば上に挙げた3次のラテン方陣は

$$\sigma_1=(2\ 3),\qquad \sigma_2=(1\ 3),\qquad \sigma_3=(1\ 2)$$

という3つの置換（この場合は互換）を用いて

$$1\begin{pmatrix} 1 & 0 & 0 \\ 0 & 0 & 1 \\ 0 & 1 & 0 \end{pmatrix}+2\begin{pmatrix} 0 & 0 & 1 \\ 0 & 1 & 0 \\ 1 & 0 & 0 \end{pmatrix}+3\begin{pmatrix} 0 & 1 & 0 \\ 1 & 0 & 0 \\ 0 & 0 & 1 \end{pmatrix}=1P(\sigma_1)+2P(\sigma_2)+3P(\sigma_3)$$

と表せる．よってこのラテン方陣の符号は

$$\mathrm{sgn}(\sigma_1)\mathrm{sgn}(\sigma_2)\mathrm{sgn}(\sigma_3)=(-1)(-1)(-1)=-1$$

となる．

以下，符号が $+1, -1$ のラテン方陣をそれぞれ偶方陣，奇方陣と呼ぶことにする．

Alon–Tarsi予想

n 次の偶方陣全体を $E(n)$，奇方陣全体を $O(n)$ と表して，その個数を比べよう．

1）本当は，ここで定めた符号は通常採用されるラテン方陣の符号とは異なるのだが，「偶方陣と奇方陣の個数の比較」という Alon–Tarsi 予想を論じる上で支障はない．実際，この2種類の符号の違いはちょうど $(-1)^{n(n-1)/2}$ 倍で，n によっては偶奇が逆になるが，その程度しか違わない．

n が3以上の奇数なら，これらの個数は一致する．つまり $|E(n)|=|O(n)|$ となる．実際，n が奇数なら，ラテン方陣の二つの行を入れ替えると符号が反転し，この操作が $E(n)$ と $O(n)$ のあいだの1対1の対応を与える[2)]．たとえば $n=3$ のときは，1行目と2行目の入れ替えで，全部で6個の偶方陣

$$\begin{pmatrix}1&2&3\\3&1&2\\2&3&1\end{pmatrix},\quad \begin{pmatrix}1&3&2\\2&1&3\\3&2&1\end{pmatrix},\quad \begin{pmatrix}2&1&3\\3&2&1\\1&3&2\end{pmatrix},$$

$$\begin{pmatrix}2&3&1\\1&2&3\\3&1&2\end{pmatrix},\quad \begin{pmatrix}3&1&2\\2&3&1\\1&2&3\end{pmatrix},\quad \begin{pmatrix}3&2&1\\1&3&2\\2&1&3\end{pmatrix}$$

と，全部で6個の奇方陣

$$\begin{pmatrix}3&1&2\\1&2&3\\2&3&1\end{pmatrix},\quad \begin{pmatrix}2&1&3\\1&3&2\\3&2&1\end{pmatrix},\quad \begin{pmatrix}3&2&1\\2&1&3\\1&3&2\end{pmatrix},$$

$$\begin{pmatrix}1&2&3\\2&3&1\\3&1&2\end{pmatrix},\quad \begin{pmatrix}2&3&1\\3&1&2\\1&2&3\end{pmatrix},\quad \begin{pmatrix}1&3&2\\3&2&1\\2&1&3\end{pmatrix}$$

が，この並びのまま1対1に対応する．

しかし n が偶数のときは，二つの行を入れ替えてもラテン方陣の符号は反転しない．実は奇数のときとは対照的に，n がどんな偶数でも $|E(n)|\neq|O(n)|$ となると予想されているのである．これが Alon–Tarsi 予想である[1]．

Rota の基底予想など，さまざまな予想がこの Alon–Tarsi 予想から従うことが知られている．

Alon–Tarsi 予想は特定の n では解決されている．たとえば，奇素数 p を用いて $n=p+1$ と表される場合は Drisko [2] によって，また $n=p-1$ と表される場合は Glynn [4] によって証明されている．結局，現時点で真偽がはっきりしていない最小の n は $n=26$ のようである．

2）$n \geqq 2$ のとき，n 文字の置換で，偶置換と奇置換の個数は一致するが，その証明と似ている．

行列式のn乗の展開係数に言い換え

以下，Glynnによる$n=p-1$の場合の証明について述べたいのだが，その前にAlon-Tarsi予想を行列式のn乗の展開係数の話に言い換えておく．

x_{ij} $(1 \leqq i, j \leqq n)$ というn^2個の変数を用意して，これらを成分とするn次の正方行列 $X=(x_{ij})_{1 \leqq i, j \leqq n}$ を考える．この行列の行列式のn乗，つまり$(\det X)^n$を展開したときの $\prod_{i,j=1}^{n} x_{ij}$ の係数に注目すると，この係数が$|E(n)|-|O(n)|$と一致するのである．実際，$\det X$の$n!$個の項のうちのn個で，積が

$$\prod_{i,j=1}^{n} x_{ij}, \qquad -\prod_{i,j=1}^{n} x_{ij}$$

のいずれかとなる組を考えると，前者の個数が$|E(n)|$，後者の個数が$|O(n)|$となる．このことはラテン方陣の符号の定義で登場したn個の置換行列を意識するとわかる．

たとえば$n=3$なら，$\det X$をSarrusの公式で

$$\det X = \alpha_1+\alpha_2+\alpha_3-\beta_1-\beta_2-\beta_3$$

と表して$(\det X)^3$を展開すると，$\alpha_1\alpha_2\alpha_3$の係数6と$(-\beta_1)(-\beta_2)(-\beta_3)$の係数6の差という計算で $\prod_{i,j=1}^{3} x_{ij}$ の係数が0となる．ここで打ち消し合う6と6は，上で挙げた3次の偶方陣と奇方陣の個数とそれぞれ等しい．

こんなふうに，Alon-Tarsi予想は，$(\det X)^n$における $\prod_{i,j=1}^{n} x_{ij}$ の係数の性質に言い換えられる．Glynnは，$n=p-1$のときにこの係数が非零となることを示したのである．

Glynnによる$n=p-1$の場合の証明

実際には，Glynnは，この係数だけでなく$(\det X)^{p-1}$の展開係数がすべて非零となることを示した．Glynnの結果を正確に述べよう．一般に$(\det X)^m$は

$$(\det X)^m = \sum_{L \in \Psi_n(m)} C_L x^L$$

というかたちに展開できる．ここで$\Psi_n(m)$は，どの行の和も，どの列の和もmとなるような非負整数成分のn次正方行列全体である．またx^Lは多重指数

の記法を用いて表している．つまり行列 $L=(l_{ij})_{1\leqq i,j\leqq n}$ に対して

$$x^L=\prod_{i,j=1}^{n}x_{ij}^{l_{ij}}$$

とおく．Glynn は，この展開の係数 C_L について

$$m=p-1 \Longrightarrow \forall L\in\Psi_n(m),\ C_L\neq 0$$

ということを証明したのである．

この証明では超行列式(hyperdeterminant)が使われていて，これも興味深い[3]．ちなみに，現在は，超行列式を使わない証明もある[5], [6].

実は，$n\geqq 3$ ならば，この Glynn の結果は逆もなりたつことが最近わかった[7]．つまり $m=p-1$ という条件は，$(\det X)^m$ の展開係数がすべて非零となるための必要十分条件だったのだ．Glynn の証明法が $n=p-1$ の場合の Alon-Tarsi 予想にだけ通用したのは，必然だったことになる．

参考文献

[1] N. Alon and M. Tarsi, Colorings and orientations of graphs, *Combinatorica* **12** (1992), no. 2, 125-134.

[2] A. A. Drisko, On the number of even and odd Latin squares of order $p+1$, *Adv. Math.* **128** (1997), no. 1, 20-35.

[3] D. G. Glynn, The modular counterparts of Cayley's hyperdeterminants, *Bulletin of the Australian Mathematical Society* **57** (1998), no. 3, 479-492.

[4] D. G. Glynn, The conjectures of Alon-Tarsi and Rota in dimension prime minus one, *SIAM J. Discrete Math.* **24** (2010), no. 2, 394-399.

[5] 木本一史,「対称群上の帯球関数とリース行列式」,『数理解析研究所講究録』2031 巻(2017)，218-234.

[6] 木本一史,「ラテン方陣に関する Alon-Tarsi 予想と対称群上の帯球関数について」,『数理解析研究所講究録』2039 巻(2017)，193-210.

[7] 下吉仁平,「行列式の冪の展開，Alon-Tarsi 予想の一般化，超行列式」，鹿児島大学大学院理工学研究科修士論文，2020.

3）「高次元行列に対する行列式」である超行列式は何種類か知られているが，ここで使われたのは Glynn 自身が[3]で導入した超行列式で，正標数でのみ考えられる．

アバンダンス予想

権業善範
●東京大学大学院数理科学研究科

ご依頼をいただいたとき，さて，どのような予想について書こうかと悩みました．自分の立てた予想を宣伝して，私の好きな予想は「権業予想」です！と言ってみようかなどという思いが脳裏をよぎりましたが，ここは空気を読んで，恐れ多いですが大予想について書かせていただこうと思います．もちろん数学の発展を促してきたきらめく星々のような数ある予想たちの中で，私がお話しする予想が特に重要だなどと言うつもりはまったくないことを最初にお断りします．

1……代数多様体とは？

まず私がお話をする予想の登場人物として説明を省けないのが代数多様体というものである．

最初に複素射影空間 $\mathbb{P}^N$ を説明する．今回の話は特に断らなければ複素数体 $\mathbb{C}$ 上の話である．通常，我々が慣れ親しんでいる(複素)ユークリッド空間は $\mathbb{C}$ の元をいくつか$(=N+1$ 個$)$並べた集合であり，その集合を $\mathbb{C}^{N+1}$ と書くことが通例であろう．一方，$\mathbb{P}^N$ は $N+1$ 個のすべては 0 でない複素数たちの比の集合を考えたものである．すなわち $[z_0 : \cdots : z_N] = [z'_0 : \cdots : z'_N]$ は，ある $c \in \mathbb{C}$ に対し $z_0 = cz'_0,\ \cdots,\ z_N = cz'_N$ という意味である．さて射影空間の説明はこのくらいにして，次に一般の射影代数多様体の定義を述べておきたいと思う．大学数学を学んだことのある読者ならお気づきかと思うが，位相だの可微分構造だのスキームだのは今は無視して集合のみの説明にとどめている．これは無視してよいのではなくて単に字数の都合で説明できないだけである．

定義 1　$f_1, \cdots, f_k$ を変数 $z_0, \cdots, z_N$ の同次多項式たちとする[1)]．射影空間 $\mathbb{P}^N$ の部分集合が $\{a := [a_0, \cdots, a_N] \in \mathbb{P}^N \mid f_1(a) = \cdots = f_k(a) = 0\}$ と表せるとき，これを射影代数多様体と呼ぶことにする[2)]．

また $\mathbb{P}^N$ を $\mathbb{C}^{N+1}$ に置き換え $f_1, \cdots, f_k$ を同次とは限らない多項式たちとし同様に定義したものをアファイン多様体と呼ぶ．

これ以上，代数多様体の基礎的なことに立ち寄ると時間がかかってしまうので，興味のある読者は参考文献[7]を読んでほしい．日本語訳[3]もあるのでこちらも参考になると思う．

というわけで多項式である．多項式と聞くと中学生の読者も強張った肩の力が緩むと思う．古い時代から研究されている図形を未だに我々は研究しているのである．このことはとても誇りに思っている．詳しくは[1]を読んでほしい．

2……代数多様体の分類と双有理同値

アバンダンス予想の重要性を説明する上で，双有理同値を説明しないわけにはいかないが，きちんと説明しようとするとザリスキー位相や代数多様体の射を導入しなくてはならないので，例によって雰囲気を摑んでほしい．

基本的かつ最も重要な例として，代数多様体の爆発(blow-up)を挙げておく．

例 2　アファイン多様体 $X \subseteqq \mathbb{C}^N$ に対して，X' を $X \times \mathbb{P}^{N-1}$ 内で次のように定まるものとする．$z_1, \cdots, z_N$ を $\mathbb{C}^N$ の座標とし，$[w_1 : \cdots : w_N]$ を $\mathbb{P}^{N-1}$ の座標とする．X' をすべての i, j に対し $z_i w_j - w_i z_j = 0$ から $O \times \mathbb{P}^{N-1}$ を除き閉包をと

1）すべての項が同じ次数の多項式．$f_1, \cdots, f_k$ のすべての次数は同じでなくてもよい．

2）もちろん通常はザリスキー位相空間として既約性を仮定すべきだが，ここでは深くは立ち入らない．

った多様体とする．O は$\mathbb{C}^N$の原点である．このとき，第一射影$X' \to X$を爆発(blow-up)と呼ぶ．$N = 3$で，Xを$z_3^2 - z_1^2 - z_2^2 = 0$で定まる多様体とした場合のイメージ図は次のようなものである．

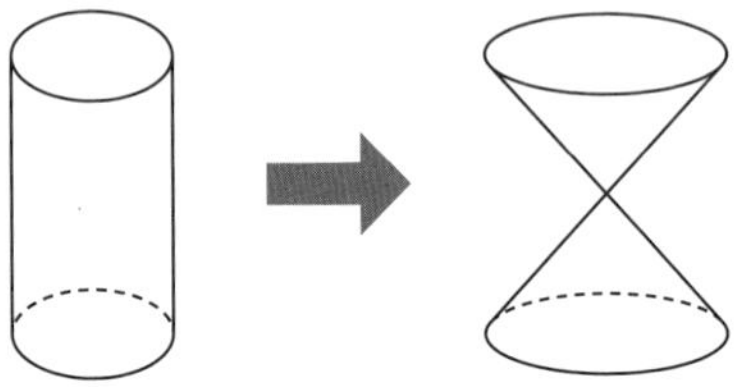

多様体XとX'は原点 O とその逆像を除いて同一視することができる．このように真の部分多様体を除いて同一視されるものを双有理同値と呼ぶ．一つ多様体を与えると爆発の操作でXからX'が作れてしまう．しかもこれをX'についても適用することができるので，双有理同値という仮定の下でいくらでも新しい射影多様体が作れる．一方X'から見たXはどうであろうか？ X'から見たXを作る操作を blow-down という．X'から出発したとき，blow-down $X' \to X$が常に作れるか？ というとこれは非自明に思える．実際，曲面の場合，イタリアの古き伝統では blow-down が作れないものを「極小モデル」と呼んでいたように記憶している．現在の高次元を視野に入れた極小モデルは定義が少し異なるが，イメージは損なわれないだろう．

極小モデルXは“割と”少ないように思える．これは実際正しくて，標準偏極多様体，カラビ-ヤウ多様体，ファノ多様体[3] など有名どころの極小モデルの族は適切な数値的条件または安定性条件を与えた場合，有界族になることが多いのである．個人的な印象だが，代数多様体の分類とはモジュライ空間[4] を構

3）『数学セミナー』で直線束が豊富などをどう定義すればいいのか，思いつかなかったので，ここでは詳しい説明を省かせていただく．力足らずですみません．標準偏極多様体は標準束が豊富，カラビ-ヤウ多様体は標準束のコホモロジー類が 0，ファノ多様体は反標準束が豊富という非常に広いクラスでお話ししている．

4）ここでは適切な代数多様体を閉点とした幾何構造をもった対象くらいの意味でこの用語を使っている．

成することを意味していると思う．そしてモジュライ空間を構成するためには，そもそも有界族でなくてはならないのである．つまり，私が言いたいのは，極小モデルはモジュライ空間を用いて直接的に理解できる対象である(かもしれない[5])，ということである．このあたりを正確に勉強すると最先端の代数幾何学に触れることができる．文献として[2]を挙げておく．

3……極小モデルとアバンダンス

標題のアバンダンス予想とは，歴史的[6]には，極小モデルが対数的標準偏極多様体上のカラビ-ヤウファイバー空間の構造をもつか？という予想である．現代的には次のように表せる．

予想3（アバンダンス予想）　非特異射影多様体 X に対して，

$\kappa(X)=\nu(X)$.

ここで $\kappa(X)$ と $\nu(X)$ という未定義なものが出てくるが，これらは双有理不変量(双有理同値で不変な量)で，それぞれ小平次元，数値的小平次元と呼ばれ，非負整数値または $-\infty$ の値をとる．この二つの不変量は多様体 X の標準束 K_X から定まる量で，前者が多重標準束 mK_X の大域切断の次元の m についての増加率であり，一方，後者はある豊富束 A[7] を固定して，mK_X+A の m の大域切断の次元の m についての増加率である．A を付け加えるか否かで増加率が一般の直線束では変わってくるのであるが，標準束に対しては同じであるだろうという予想である．

実は，この予想は以下の幾何学的な予想と同値であることが知られている(cf. [4], [6], [5])．

5）このあたりはまだはっきり言ってしまってよいのか自信がない．

6）と言っても3,40年程度だと思うが．

7）ここは非常に一般の豊富束で十分．

予想 4 (Good minimal model conjecture)　X を非特異射影代数多様体とする．このとき X と双有理同値な(非特異とは限らない) X' が存在し，X' は標準偏極多様体になるか，もしくは射 $X' \to T$ が存在し，$X' \to T$ の一般ファイバーはカラビ–ヤウ多様体，ファノ多様体になる．

つまり，広中の特異点解消定理を用いると，特異点があっても任意の射影代数多様体は，標準偏極多様体，カラビ–ヤウ多様体，ファノ多様体という元素的な多様体にある弱い意味で分解されることになり，それらのピースはモジュライ的考察がされるべき対象である．これはすべての非特異多様体に対する強烈かつ非常に美しい予想である．これは代数多様体の分類という点においてはスタート地点にすぎないが，その応用性は計り知れない．実際，代数幾何学のさまざまな分野で，このアバンダンス予想を仮定すればある定理が従うといった類のものはたくさんある．何かを証明するときに標準偏極多様体，カラビ–ヤウ多様体，ファノ多様体について調べ，一般の多様体に拡張するというのが標準的なアバンダンス予想の使い方である．

この記事の執筆は，アバンダンス予想の魅力とは何か？ について考える機会となった．ふと考えたら何が魅力的なのかは自分でもよくわからなかった．もちろんこの予想が示されれば，極小モデル理論，極小モデルプログラムが満足のいく形で完成するわけである．自分がその完成の魅力に取り憑かれ研究しているかというと何かちょっと違う気がするのである．その魅力を十分語るようになるくらい自然に理解できれば，証明できるのかもしれない．

4……終わりに

最近，正標数の代数閉体上の極小モデル理論がかなり発展しているが，F 特異点の理論などの応用の限界で低標数を扱えない障害と，正標数の代数閉体上の代数多様体の特異点解消が引っかかって，割と頭打ちに来ている印象を受ける．新しいブレークスルーが必要な気がする．さらに一般次元のファノ多様体のモジュライ理論についての代数幾何的なアプローチはここ数年，大進展を遂げている．このあたりはかなり魅力的ではあるが競争が激しい分野である．その予想の正当性，位相的な側面については古くから研究・検証されていたようである．今回その点について教授いただいた尾高悠志さんに感謝したい．またアバンダンス予想の既知の部分(3次元など)などについての紹介をすべて省いてしまった．このあたりは川又雄二郎先生，森重文先生，宮岡洋一先生をはじめとする方々の仕事の上に成り立っていることを注意しておきたい．

参考文献

[1] 飯高茂，上野健爾，浪川幸彦，『デカルトの精神と代数幾何 増補版』，日本評論社，1993.

[2] 尾高悠志，「K安定性と代数多様体のモジュライ問題について──Kähler-Einstein 計量との関わり」，『数学』第72巻第4号 337-364(2020年10月).

[3] R. ハーツホーン(高橋宣能・松下大介訳)，『代数幾何学(1, 2, 3)』，丸善出版，2012.

[4] J.-P. Demailly, C. D. Hacon, M. Păun, Extension theorems, non-vanishing and the existence of good minimal models, *Acta Math.* **210** (2) (2013) 203-259.

[5] O. Fujino, Corrigendum to "On subadditivity of the logarithmic Kodaira dimension", *J. Math. Soc. Japan* **72** (4) (2020) 1181-1187.

[6] Y. Gongyo and B. Lehmann, Reduction maps and minimal model theory, *Compositio Math.* **149** No. 2 (2013) 295-308.

[7] R. Hartshorne, *Algebraic geometry*, Graduate Texts in Mathematics, No. 52. Springer-Verlag, 1977.

岩澤主予想

p進世界での代数と解析の邂逅がもたらすもの

原 隆
●津田塾大学学芸学部

1……きっかけは“類数”から

素因数分解の一意性が崩れるとき

……そうね，「それ」が**フェルマーの最終定理**[1]を解決する際の障害の1つだったことは疑う余地もないわ．だって，信じられる？ まさか“**素因数分解の一意性が成り立たない世界**”が存在するなんて．あたしだって，最初は耳を疑ったわよ．「あぁ，ついにおかしくなっちゃったんだわ」って．

……えっ？ 詳しく聞かせろ？ ……そう，カマをかけたってわけね．いいわ，特別に教えてあげる．

そもそも(原始的)**ピタゴラス数**[2]の求め方はご存じ？ ピタゴラスの定理を変形すると

$$x^2 = z^2-y^2 = (z+y)(z-y) \qquad (x, y, z \in \mathbb{Z})$$

ってなるけど，$z+y$ と $z-y$ が互いに素なら**両辺の素因数分解を見比べる**と，

1）「nが3以上の整数のとき，$x^n+y^n = z^n$ かつ $xyz \neq 0$ を満たす整数組 (x, y, z) は存在しない」という主張．アンドリュー・ワイルズによって1995年に証明された．ちなみに$n=4$のときと$n=p$が奇素数のときのみを考えれば十分であることは，(nの素因数分解を考えれば)納得できるだろう．

2）ピタゴラスの定理 $x^2+y^2 = z^2$ を満たす自然数の組(あるいは $xyz \neq 0$ を満たす整数の組)のこと．さらにx, y, zの最大公約数が1という条件を課したものが原始的ピタゴラス数．

どちらも平方数になるはずでしょ？　そうやって（原始的）ピタゴラス数を求めたのが，いわゆるディオファントスの公式ってやつ．……そう，フェルマーの最終定理騒動の幕開けとなった公式よね．何だ，知ってるんじゃない．

ところで，p が奇素数のときって，“**1 の原始 p 乗根** $\zeta_p = e^{2\pi i/p}$ を付け加えた整数の世界” では

$$x^p = z^p - y^p = \prod_{j=0}^{p-1}(z - \zeta_p^j y) \qquad (x, y, z \in \mathbb{Z})$$

って因数分解できちゃうから，右辺のどの 2 つの因子も互いに素だったら，“**素因数分解を見比べる**” とどの $z - \zeta_p^j y$ も p 乗数になるはずじゃない？　でも，そんなこと逆立ちしたって起こりそうもないから，背理法で証明完了 !! ……って筋書きだったわけよ．たしかラメとかいう人が言い出したんだけど．

でも，“ζ_p を付け加えた整数の世界” $\mathbb{Z}[\zeta_p]$ では**必ずしも “素因数分解の一意性” が成り立たない**ってことが判明して[3]，この筋書はあっけなくご破綻となったわけね（図 1 参照）．で，$\mathbb{Z}[\zeta_p]$ という世界でどれくらい “素因数分解の一意性” が成り立たないかを測る指標が**類数**[4] h_p なのよ．実際には「p が h_p を割り切らない」素数[5]だったら，フェルマーの最終定理もさっきみたいにして証明

$$47 \cdot 139 = \prod_{j=1}^{22}(1 - \zeta_{23}^{j} + \zeta_{23}^{21j}) = \prod_{j=0}^{10} F(\zeta_{23}^{4^j})G(\zeta_{23}^{4^j})$$

$$F(\zeta_{23}) = \zeta_{23}^{10} + \zeta_{23}^{8} + \zeta_{23}^{7} + \zeta_{23}^{-7} + \zeta_{23}^{-8} + \zeta_{23}^{-10}$$

$$G(\zeta_{23}) = \zeta_{23}^{10} + \zeta_{23}^{8} + \zeta_{23}^{4} + \zeta_{23}^{-4} + \zeta_{23}^{-8} + \zeta_{23}^{-10}$$

図 1　$\mathbb{Z}[\zeta_{23}]$ での 47・139 の 2 通りの “既約元分解”

3）現代の環論の用語を用いるならば「“既約元分解の一意性” が成り立たない」と表現すべきだろうか．クンマーは “素因数分解の一意性” の崩壊の問題を乗り越えるために**理想数** ideale Zhal の概念を導入した（後にデデキントにより**イデアル** ideal の概念へと整理される）．

4）p 分体 $\mathbb{Q}(\zeta_p)$ のイデアル類群 $\mathrm{Cl}_{\mathbb{Q}(\zeta_p)}$ の位数のこと．

5）このような素数を**正則素数**と呼ぶ．p が h_p を割り切る素数（**非正則素数**）ももちろん存在する（$p = 37, 59, \cdots$）．

できるらしい[6]けど．……えっ？ ベル…何ですって？ 悪いけど，聞いたこともないね．ほら，あたしが知ってることは全部話したんだから，帰った，帰った．

2……“関-ベルヌーイ数”を訪ねて
多様な顔を持つ不思議な数

……えぇ，私も驚きました．だって，“こうわ先生”や外国の偉い数学者[7]が計算していた数 B_j って，有限冪《べき》和《わ》 $1^m+2^m+\cdots+n^m$ の公式

$$\sum_{k=1}^{n} k^m = \frac{1}{m+1}\sum_{j=0}^{m}\binom{m+1}{j}B_j n^{m+1-j}$$

に現れるものでしょ？ それが“無限冪和の値”にもなる[8]だなんて……．俄かには信じられません．

……あぁ，はいはい，B_j は

$$\frac{xe^x}{x-1} = \sum_{j=0}^{\infty}\frac{B_j}{j!}x^j$$

と表すこともできます[9]．こんなにシンプルな関数のテイラー展開の係数として表されるというのも，考えてみれば不思議ですよね．「どこに冪和の要素があるんだ？」って思いますもの．ホント，何時まで眺めていても飽きないですよ，この不思議な数は．

……えっ？ 類数との関係は，ですって？ いきなりやって来て，厚かましい

6）クンマーによる．ただ，クンマー自身は特にフェルマーの最終定理の解決を目的として理想数を導入したわけではない．

7）関孝和とヤコブ・ベルヌーイ．ベルヌーイ数として有名な有理数 B_j $(j=0,1,\cdots)$ は，鎖国下の江戸時代に関孝和も独自に計算していたということを踏まえて，最近では日本の数学者を中心に“関-ベルヌーイ数”とも呼ばれるようになっている．

8）等式 $\zeta(-m) = -B_{m+1}/(m+1)$ $(m \geqq 0)$ のこと．リーマンのゼータ関数 $\zeta(s) = \sum_{n=1}^{\infty} n^{-s}$ の定義式に安直に $s=-m$ を“代入”すると，無限冪和 $1^m+2^m+3^m+\cdots+n^m+\cdots$ となることからまことしやかに語り継がれている俗説．もちろんこの無限冪和は発散するので，$\zeta(-m)$ は正しくは“$\zeta(s)$ の解析接続に $s=-m$ を代入したもの”と解釈するべきである．

9）$x/(e^x-1)$ のテイラー係数として関-ベルヌーイ数を定義する流儀もある(そちらの方が多数派かも)．どちらの定義を用いても，B_1 の値の符号以外は同じものが定義される．

人ですね．……ええと，お尋ねになっているのは

奇素数 p が h_p を割り切らないための必要十分条件は，p が $B_2, B_4, \cdots, B_{p-3}$ の分子を割り切らないことである

という伝承のことですかね？　何でしたっけ，群馬みたいな名前の……，そうそう，クンマーね．**クンマーの判定法**(図2参照)．……あぁそうか．たしかにこれが成り立っているような p に対しては，フェルマーの最終定理は成り立つことになるんですね．ふむ．

$$B_{32} = -\frac{7709321041217}{510} = -\frac{208360028141 \cdot 37}{510} \Longrightarrow 37 \mid h_{37}$$

図2　クンマーの判定法；37は最小の非正則素数である

……にしても，"素因数分解の一意性"の崩壊の度合いを測る類数と，冪和の公式やらリーマンのゼータ関数やらに登場する B_j がこういった形で関係するというのも，考えてみればちょっとミステリアスですよね．いったい何が起こっているのやら．……あ，私これから夕食の買い出しに出掛けなくてはならないので，ここで失礼しても……？　それでは．

3……"岩澤主予想"の衝撃
代数と解析の神秘の邂逅

……あぁ，悪いね．そこ置いといて．ところで，あんたは「並行世界(パラレル・ワールド)」は信じるかい？　並行世界では，もしかしたら日本の拓郎と，地球の裏側のブラジルにいるジェシーという，普通に考えたらすれ違いもせず人生を終えるであろう2人が，もしかしたら劇的な邂逅を果たして生涯を伴にしているかもしれない……．いやいや，SFじゃ常套の設定だろ？　SF作家を取材しようってんなら，それくらいは勉強して来なきゃダメだって．

そんで，話をもとに戻すと，さっきあんたが言ってた“素因数分解の一意性”の崩壊具合を測る……えぇと，類数だっけ？　そういう**きわめて代数的な性格を有した対象**と，リーマンのゼータ関数の特殊値に現れる，せき…，あぁそうそう，関-ベルヌーイ数ね，そういう**きわめて解析的な性格を有した対象**が，**“p 進世界”という並行世界では密接に関係している**と考えたら，どうだろう？最初は「役に立たない」と思われていた[10]“p 進世界”で代数と解析が劇的に出会い，我々の世界にも影響を与えているのだとしたら，……嗚呼，なんて壮大な話だ!!　それだけで心が踊るってもんだ，そうだろう?!

……何を言ってるのか分からない？　アタマの固い御仁だな．もっと想像力の翼を自由に羽搏かせてみようぜ？ ——いいか，その類数とやらにも，関-ベルヌーイ数とやらにも，実は〈親玉〉的な存在がいて[11]，**その〈親玉〉同士が並行世界では実は“実質的に等価な存在”だった**と考えてみろよ？（次ページ図 3 参照[12]）　もしそうだとしたら，この世の中の**イデアル類群とゼータ関数に関する不思議な現象は，“p 進世界”で〈親玉〉同士が表裏一体の存在であることの発露**として捉えられてしまう[13]んじゃないか？　そうなったらこれは最早革命的な事件だぞ!!

---

10) クルト・ヘンゼルが p 進数を考案した当初は，応用が乏しかったこともあり，あまり正当な評価を受けていなかったという．なお，不思議な“p 進数の世界”について，『数学セミナー』2018 年 10 月号で「p 進数体をめぐる冒険／p 進距離が紡ぎ出す甘美な世界」と題した紹介記事を執筆したので，ぜひご一読を．

11) いわゆる**岩澤冪級数**と**久保田-レオポルトの p 進 L 関数**のこと．前者は $\mathbb{Q}(\zeta_{p^n})$ のイデアル類群(の p 部分)の逆極限の“大きさ”を測る冪級数で，純代数的に定義される．後者は，ざっくり言うとリーマンのゼータ関数の“p 進版”である．実/複素解析的なゼータ関数をいかにして“p 進化”するか，という問題も実に興味深いが，解説するには残念ながらあまりにも余白が狭すぎる．興味のある方は，例えば青木美穂『p 進ゼータ関数——久保田-レオポルドから岩澤理論へ』(日本評論社)を参照．

12) 岩澤主予想は「“岩澤冪級数”と“久保田-レオポルトの p 進 L 関数”(の分子)が岩澤代数の中で同じイデアルを生成する」という形で定式化される．詳細は落合理『岩澤理論とその展望(上)』(岩波書店)の第 3 章などを参照．なお，図 3 中の符号 $-$ は，複素共役が (-1) 倍で作用する部分を表している．

13) 実際に**リベの定理**(エルブランの定理の逆)，**グラス予想**，**ブルーマー予想**(の特別な場合)など，多くの定理や予想が岩澤主予想の帰結として導かれる．

$$\mathrm{Char}_{\Lambda}\text{-}X^{-} = \mathscr{L}_p I(\Lambda^{-})$$

$$I(\Lambda^{-}) \coloneqq \mathrm{Ker}(\Lambda^{-} \twoheadrightarrow \mathbb{Z}_p)$$

$$X = \varprojlim_{\text{ノルム}} \mathrm{Cl}_{\mathbb{Q}(\zeta_{p^n})}\{p\}^{-}$$

$\mathscr{L}_p$：久保田-レオポルトの p 進 L 関数

図3　岩澤主予想；ただし $\Lambda^{-} = \mathbb{Z}_p[[\mathrm{Gal}(\mathbb{Q}(\mu_{p^\infty})/\mathbb{Q})]]^{-}$

……あん？　今喋ったことは，もう既に知られちまってる[14]だと!!　てめぇ，人を良い気にさせて散々語らせといて，ふざけてんのか?!　……まぁいい．だったら次のプロットはこうだ．“p 進世界”に住むジュリエット姫を，青年ロミオがだな，銀河を駆ける鉄道に乗って……おい，何帰りたそうな顔をしていやがる．わざわざこんな辺鄙《へんぴ》なとこまで訪ねてきたんだ，朝までは話に付き合ってもらうからな．

4……広がりゆく物語

――それで，「岩澤主予想」を巡る冒険は終わっちゃったの？

――いいえ，「岩澤主予想」は，その後いろいろな形に姿を変えて，今もなお人々を魅了し続けているのよ．さまざまなモチーフ[15]に対して変幻自在に形を変え，ときには移ろいゆくモチーフ[16]すらも取り込んで……．100万ドル問題の1つである**バーチ-スウィナトン=ダイアー予想**も，現在盛んに研究が進められている**楕円曲線の岩澤主予想**と密接に関係しているのよ？

――すごい．壮大すぎて，想像もできないや．

14) (有理数体の)岩澤主予想は，当時の整数論研究を牽引する重要な予想であったが，1984年にバリー・メイザーとアンドリュー・ワイルズによって証明された．

15) 岩澤主予想は，現在では代数体上定義された射影多様体のコホモロジー論の〈親玉〉とでも称すべき**純モチーフ**に対して定式化されている．

16) ガロワ表現の変形族に対する岩澤主予想(ガロワ変形の岩澤主予想)を指す．ガロワ表現の変形理論は，ワイルズによるフェルマーの最終定理の証明の鍵ともなった非常に重要な理論．

──えぇ，そうね．でも，“p 進世界”を舞台として，代数的対象と解析的対象が結び付く，というその精神は，どんなときでも「岩澤主予想」の根幹たる考え方と言えるかもしれないわね．

──そこまでいくと，最早哲学的だね．僕も，そんな不思議な「主予想」の世界を旅してみたいなぁ．

──大丈夫，訓練は必要だけど，飽くなき探究心さえあれば，誰だって「主予想」を追う旅人になれるわ．さぁ，もうおやすみ．良い夢を──[17]．

17）岩澤理論に興味を持たれた方には，脚注 12 で取り上げた落合理さんの著書のほか，黒川信重，栗原将人，斎藤毅『数論 II ── 岩澤理論と保型形式』(岩波書店)の第 10 章や『数学セミナー』2018 年 1 月号の特集「現象を通してみる岩澤理論」もお薦め．

COLUMN

予言，仮説，そして予想

砂田利一
●明治大学・東北大学名誉教授

本稿の主たる目的は，数学の歴史に登場する「予想」に纏わる事柄を手短に解説することである．とは言うものの，個別的には本書の各論説の中で扱われることになるから，ここではよく知られた数例を(脈絡なく)取り上げ，「予想」全般に渉る個人的見解を述べたいと思う．

英語とフランス語では，「予想」は“conjecture”であり，これは元来「事実を纏める」(casting together of facts)を意味するラテン語の“conjectura”を語源とする．フランスで“conjecture”という用語が使われ始めたのは 14 世紀後半，今日の意味の使用は 16 世紀前半になってからである．言わずもがなであるが，日本語辞書によれば，「予想」とは「物事の成り行きや結果について，前もって見当をつけること，また，その内容」であり，類語としては，「予期」(foresight)，「予測」(forecast)，「予言」(prophecy)などがある．さらに，ゼータ関数の零点分布に関する予想を「リーマン仮説」というように，「仮説」(hypothesis，ドイツ語では Ansatz)という用語を使う場合もある．広く言葉を捉えれば，ヒルベルトの「23 の問題」のように，未解決問題の提示も「予想」と同じ範疇に属すと言えるだろう．

1……予言

ところで，「未来の物事を予測して言うこと，またその言葉」を意味する「予言」という言葉は，数学ではあまり使われない．16 世紀に書かれた「ノストラダムスの大予言」(Les Prophéties)や，中世日本の支配層に陰な形で影響を与えた『野馬台詩』や『聖徳太子未来記』とよばれる文書群はまさに代表的予言書であるが[1]，これらは乱世の中での将来への不安から生じた社会的事象に属すものである．また，小松左京のSF小説の中には予言書と言ってよいものがある．たとえば，ウィルス感染が引き起こすパンデミックを描いた『復活の日』は昨今の新型コロナウイルス蔓延を予言しているようである．だが，これも数学とは一切関係がない．他方，数学そのものとは言えないものの，ヒルベルトが予言らしきことを主張している．1930年，ドイツ自然科学者大会における講演『自然認識と論理』の中でなされた「我々は知らなければならない．やがて知ることになるだろう」(Wir müssen wissen—wir werden wissen)という言明は，動物電気の生理学のパイオニアの一人エミール・デュ・ボア・レーモン(1818-1896)[2]の「Ignoramus et ignorabimus」(我々は知らない，知ることはないだろう)への反駁である[3]．言うまでもないことだが，ヒルベルトにとっての「認識可能性」は狭い意味に捉えるべきである．すなわち，数学的命題は現時点で証明はなくとも，いずれ証明されるだろうということである(たとえば，「リーマン仮説は2023年の現時点では証明されていないものの，その真偽はいずれ判明するだろう」という期待である)．ヒルベルトの予言は，ゲーデルの不完全性定理により「証明も反証も不可能な命題が存在する」[4]ことが示されて，本来の意味では当たらなかったと言える．しかし「認識」を広く解釈すれば否定されたとは言えない．不完全性定理により，それまで知られていなかった数学という学問の性格・本質が明らかになったと言えるからである．

近年は，AI(人工知能)に関する予言も行われている．AIの能力が人類の知能を超える「技術的特異点(シンギュラリティ)」が，2045年に到来するだろうという予言である(レイ・カーツワイル)．社会的に大きなインパクトを与えるこの予言の背景には，現在のAIブームがある．1960年代の第1次人工知能ブ

1）『中世日本の予言書』(小峯和明著，岩波新書)．

2）実関数の理論で有名な数学者Paul du Bois-Reymondは彼の兄弟である．

3）この言葉は，彼の『自然認識の限界について・宇宙の七つの謎』(坂田徳男訳，岩波文庫)の中に見られる．

4）この言明は，厳密に設定された数学理論の中で意味を有するものであり，生半可な理解は誤解に導くので注意を要する．

ーム，1980〜90年代の第２次人工知能ブームを引き継いだのが現在の第３次AIブームである．第１次，第２次はそれぞれ技術的限界から下火となり，しばらく停滞していたのであるが，ディープ・ラーニング（深層学習）[5)]の技術が大きく進化したことにより第３次ブームとなったのである．将棋や囲碁で，AIがプロの棋士を追い越したことが大きなニュースとなったことからも，予言に真実味が増したと考える人は多い．

これに関連して，最近，AIが「芸術家もどき」や「小説家もどき」になれることが話題となっている．すなわち，いかにも画家が描いたかのような絵画や，小説家が創作した文章をAIが模倣できるというのである．とは言え，それらはあくまで「もどき」なのであって，たとえばAIが「数学者もどき」を超えて「真」の数学者になれるかどうかということを考えると，どちらかと言えば否定的な立場をとらざるを得ない．なぜなら，数学（とくに「純粋」数学）の研究においては，美意識とセレンディピティ[6)]が深く関わるからである．予言そのものに関しては，デュ・ボア・レーモンが主張する「認識の限界」や「自由意志」の問題に深く関係していることもあり，筆者には予言が正しいかどうかは断言できない．実際，特異点予想については，専門家の中にも肯定的意見と否定的意見があることを言い添えておこう（歴史を振り返れば，結構大胆な予言でも当たるケースが少なくないから，「戦略的」には，肯定的立場をとっておいたほうが有利かもしれないが）．

2……仮説

本稿の冒頭でリーマン仮説に言及したが，「仮説」とよべるような例は古代に登場する．たとえば，古代ギリシャの科学者が提唱した「天動説」や「地動説」

5）深層学習とは，人間が自然に行うタスクをコンピュータに学習させる機械学習の手法の１つ．

6）求めずして思わぬ発見をする能力．思いがけないものの発見．運よく発見したもの．偶然の発見．

がそのような例である．どちらにしても，宇宙の形は球体であり[7]，太陽と惑星の軌道は円(circle)を用いて説明できると考えていた．その背景には，さまざまな図形の中で，円と球が最も完全であり，完全なる「神」が創った宇宙は，円と球を用いて説明されなければならないというドグマがあることに注意しておこう．

大勢としては，ギリシャの科学者(哲学者)は天動説に与していた．例外は，目に見えない炎を中心として地球，太陽，星々が回転するモデルを提唱したフィロラウス(紀元前 470-385 頃)と，太陽が月に比べて大きいことを単純な観測と幾何学を用いて結論し，このことから地動説に至ったアルキタルコス(紀元前 310-230 頃)である．

他方，アリストテレス(紀元前 384-322)は形而上学および神学的観点から天動説を唱えた(図 1)．しかし，アリストテレスのモデルでは，惑星の逆行現象

図 1　アリストテレスの球体モデル

7）例外は，プラトンの友人であり，ユードクソスの師であったアルキタス(紀元前 428-347 頃)である．彼は，「宇宙の何処を見ても同じであり，したがって「境界」は存在しない」という説を立てていた．

のような複雑な運動を円のみを用いて説明することができない．これを救うために考え出されたのがアポロニウス(紀元前 262-190 頃)とヒッパルコス(紀元前 190-120 頃)による周転円仮説である[8)]．ここで周転円(epicycle)とは，大きな円(従円)の円周上の点を中心とする小さな円のことである．アポロニウスとヒッパルコスによれば，惑星の軌道は，この従円上の等速円運動と，周転円上の等速円運動の組み合わせとして説明される(図 2)．さらに必要に応じて，地球から少し離れた点を中心とする円上を運動する「離心円」と，周転円を従円とする周転円を考え，これを有限回続けることで，さらに複雑な運動を説明することになる．このような「仮説」を数学的に精緻化し，中世ヨーロッパは言うに及ばずアラビアの天文学に決定的影響を与えたのが，プトレマイオス(紀元後 100-170 頃)の著わした『アルマゲスト』である．

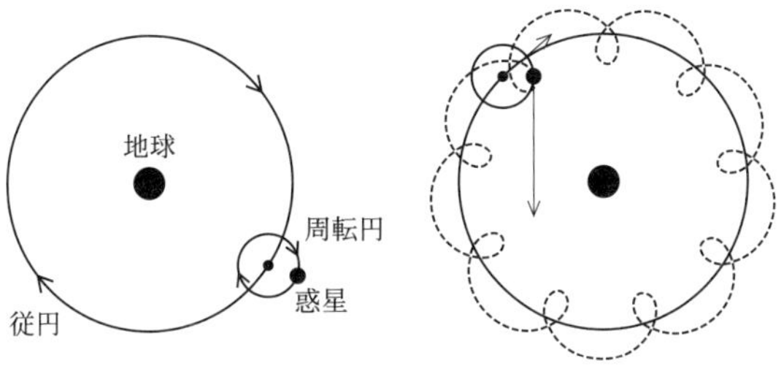

図 2　周転円

ご存知のごとく，紆余曲折はあったものの，ようやく 16 世紀になって天動説はコペルニクス(1473-1543)により地動説に置き換えられる．「ある事柄を説明するためには，必要以上に多くを仮定するべきでない」とする指針を「オッカムの剃刀」というが，太陽を中心として地球を含む惑星が円運動をしているという仮説を立てれば，周転円などという複雑な仮定は必要ないということであ

8)「天動説の下で，一様な円運動をしているはずの惑星の運動において，なぜ逆行が起きるのか」というプラトンの問に対して，ユードクソスは回転軸の異なる複数の同心球面を用いて説明している．

り，まさにオッカムの剃刀の例となっている[9]．

しかし当時としては，観測結果と照らし合わせる限り，粗削りのコペルニクスの仮説と較べると，プトレマイオスの理論の方が断然優位であった．天動説が地動説により取って代わられるのには，ガリレオ・ガリレイによる木星の周りを回る月の発見や，火星の軌道の観測記録から導かれたケプラーの法則，そしてニュートンの重力理論によるケプラーの法則の説明に至る歴史を経ねばならなかった．

では，なぜ周転円仮説が惑星の運動をよく説明するのだろうか．その理由は，(牽強付会気味ではあるが)以下述べるようにH. ボーアが1925年に創始した概周期関数論により説明される．

f を実直線 $\mathbb{R}$ 上で定義された複素数値連続関数としよう．任意の $\varepsilon>0$ に対して，次の性質を満たす $L=L(\varepsilon)>0$ が存在するとき，f は概周期的(almost periodic)と言われる．

長さ L の任意の区間 $(a, a+L)$ 内には

$$|f(x+\tau)-f(x)|<\varepsilon \qquad (x \in \mathbb{R})$$

が成り立つような τ が存在する．

概周期的関数の例は三角多項式(trigonometric polynomial)である．これは，次のような形の関数である．

$$p(x)=a_1 e^{2\pi i\lambda_1 x}+\cdots+a_n e^{2\pi i\lambda_n x}.$$

定理　f が概周期的であることと，任意の $\varepsilon>0$ に対して

$$|f(x)-p(x)|<\varepsilon \qquad (x \in \mathbb{R})$$

を満たす三角多項式 $p(x)$ が存在することは同値である．

9）オッカム，正確にはオッカムのウィリアム(1285-1347)は，フランシスコ会会士，後期スコラ学を代表する神学者である．

複素数平面を座標平面 $\mathbb{R}^2$ と同一視すると，$re^{2\pi i\lambda t}=r(\cos(2\pi\lambda t)+i\sin(2\pi\lambda t))$ は，$\mathbb{R}^2$ 内の等速円運動を表すことに注意しよう．もし，惑星の運動が固定された平面上でなされ，しかも概周期的であれば(強引な仮定ではあるが)，今述べたことは，運動が周転円と離心円を用いた軌道で「望むだけ」近似されることを意味している．

仮説は物理学に多く登場する．もっと言えば物理理論はすべて仮説であると言ってもよい．そして，不備な部分が露呈した仮説は，より合理的かつ実験・観測で実証された仮説により取って代わられるのである．

3……良質な予想

予想には,「良質」な予想と，そうでない予想がある．予想が良質であるための条件としては,

1．すぐには解決されない
2．数学の発展に直接的・間接的に寄与する

が考えられる．たしかに，すぐに解けてしまっては予想の名に値しないし，数学史に名を残すような予想は，新しいものの見方を生み出したり，興味深い概念・対象と結びついたりして，時代を超えた意義を有している．

この点で，自らの研究に関連して筆者が直ちに思い出すのはケプラー予想である．1611年にケプラーから当時彼のパトロンであったヴァッケリウスに献呈されたパンフレット『新年の贈り物あるいは六角形の雪について』(Strena seu de Nive Sexangula)[10] の中で述べられている，同じサイズの球体で空間を最密に充填(packing)する方法についての予想である．正確には，その中で彼の充填方法がいかにも正しいかのように書かれているものの，証明は与えられておらず，こうしたこともあってケプラーの言明は予想とよばれるようになっ

10) 榎本恵美子訳,『知の考古学』vol. 11，社会思想社(1977)276-296.

たのである．

節点(node)と辺(edge)からなるネットワークの図3は，最密充塡を与える方法の1つである．辺の長さの半分を半径とする球体を各節点に置けば，これが最密充塡を実現している．実際，このことが証明されたのはケプラーのパンフレットが世に出てから約400年後の1998年である．T.C.ヘイルズがコンピュータシミュレーションでチェックするしらみつぶし法により証明したのである[11]．

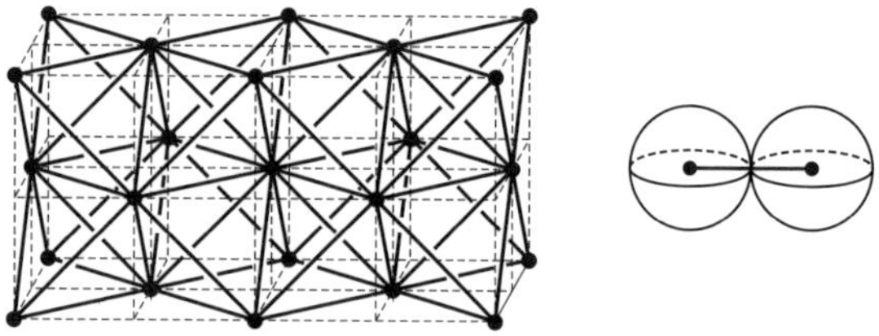

図3　最密充塡

ちなみに，この最密充塡はさまざまな数学的事柄と関係している．まず，球に対する「最大接吻数」はいくつかという，ニュートンの問題に関係している．ここで最大接吻数とは，1つの球に，重ならずに接することのできる同じサイズの球の個数の最大値である．ニュートンがこのような問題を考えた動機は，天体の配置への興味からだったと言われている．1694年，ケンブリッジ大学におけるニュートンとD.グレゴリー[12]の間で交わされた会話の中で，この問題が取り上げられ，ニュートンは最大接吻数は12と主張し，グレゴリーは13と主張した．図3の中の1つの球には12個の球が接しているが，実はそれらの間には隙間があり，球たちを動かして隙間を作ればもう1つの球を重なり合うことなく挿入できるとグレゴリーは考えたのである．ケプラー予想に比べれば容易に決着するような問題に思えるが，その最終的解決は，1953年のクルト・

11) 実際には，証明方法の性格から見て，証明が正しいかどうかについては議論がある．
12) 逆正接関数のグレゴリー級数で名の知られたJ.グレゴリーの甥．

シュッテとファン・デル・ヴェルデンの論文まで待たなければならなかった．答えはニュートンが主張したように 12 である．

数学の発展の自然な道筋として，球の充塡問題や接吻問題は，その後多くの数学者により高次元で考察され，現在でも重要な問題の 1 つとなっている([1])．さらに，ケプラーがどの程度意識していたかは不明であるが，彼の研究は物質(結晶)のミクロの構造の探求に関係することになる．すなわち，上で説明した最密充塡を与えるネットワークは面心立方格子とよばれるもので，多くの結晶構造に登場する．たとえば間接的ではあるが，ダイヤモンドや，その「双子」である仮想的な K_4 結晶の構造に関係しているのである([2, 3])．

このように，ケプラー予想は良質な予想の代表的な例となっている[13]．

参考文献

[1] J. H. Conway and N. J. A. Sloane, *Sphere Packings, Lattices and Groups*, Springer, 1999

[2] T. Sunada, *Topological Crystallography: With a View Towards Discrete Geometric Analysis*, Springer, 2012

[3] 砂田利一,『ダイヤモンドはなぜ美しい――離散調和解析入門』(シュプリンガー数学リーディングス)，丸善出版，2012 年

13) このほか,「4 色問題」はグラフ理論，フェルマー予想は数論の発展に大きく寄与したことに言及しておこう．

初出・執筆者一覧［掲載順］

●第 1 部　私の選ぶ「推し図形」

……『数学セミナー』2022 年 11 月号　特集：私の選ぶ「推し図形」

●第 2 部　私の選ぶ「とっておきの数式」

……『数学セミナー』2016 年 9 月号　特集：私の選ぶとっておきの数式

●第 3 部　私の選ぶ「好きな予想」・COLUMN

……『数学セミナー』2020 年 11 月号　特集：私の好きな予想

藤沢 潤（ふじさわ・じゅん） 慶應義塾大学商学部教授

前川 淳（まえかわ・じゅん） 折り紙作家

前原悠究（まえはら・ゆうき） 九州大学マス・フォア・インダストリ研究所学術研究員

中村勇哉（なかむら・ゆうすけ） 東京大学大学院数理科学研究科助教

平澤美可三（ひらさわ・みかみ） 名古屋工業大学工学研究科教授

近藤宏樹（こんどう・ひろき） 数学オリンピック財団理事

清水達郎（しみず・たつろう） 東京電機大学システムデザイン工学部助教

境 圭一（さかい・けいいち） 信州大学理学部教授

服部広大（はっとり・こうた） 慶應義塾大学理工学部准教授

小山 晃（こやま・あきら） 早稲田大学名誉教授

鳴川 肇（なるかわ・はじめ） 慶應義塾大学環境情報学部准教授

西山 享（にしやま・きょう） 青山学院大学理工学部教授

谷口 隆（たにぐち・たかし） 神戸大学大学院理学研究科教授

竹内慎吾（たけうち・しんご） 芝浦工業大学システム理工学部教授

小関健太（おぜき・けんた） 横浜国立大学大学院環境情報研究院准教授

渋川元樹（しぶかわ・げんき） 神戸大学大学院理学研究科特命助教

坂上貴之（さかじょう・たかし） 京都大学大学院理学研究科教授

柴山允瑠（しばやま・みつる） 京都大学大学院情報学研究科准教授

濱野佐知子（はまの・さちこ） 京都産業大学理学部教授

山田澄生（やまだ・すみお） 学習院大学理学部教授

吉永正彦（よしなが・まさひこ）　大阪大学大学院理学研究科教授

中岡宏行（なかおか・ひろゆき）　名古屋大学大学院多元数理科学研究科准教授

尾高悠志（おだか・ゆうじ）　京都大学大学院理学研究科准教授

澤野嘉宏（さわの・よしひろ）　中央大学理工学部教授

依岡輝幸（よりおか・てるゆき）　静岡大学理学部准教授

縫田光司（ぬいだ・こうじ）　九州大学マス・フォア・インダストリ研究所教授

千葉逸人（ちば・はやと）　東北大学材料科学高等研究所教授

市原一裕（いちはら・かずひろ）　日本大学文理学部教授

木原貴行（きはら・たかゆき）　名古屋大学大学院情報学研究科准教授

新井仁之（あらい・ひとし）　早稲田大学教育・総合科学学術院教授

原　隆（はら・たかし）　九州大学数理学研究院教授

阿部知行（あべ・ともゆき）　東京大学カブリ数物連携宇宙研究機構国際高等研究所教授

小野廣隆（おの・ひろたか）　名古屋大学大学院情報学研究科教授

高津飛鳥（たかつ・あすか）　東京都立大学大学院理学研究科准教授

伊藤　稔（いとう・みのる）　鹿児島大学大学院理工学研究科教授

權業善範（ごんぎょう・よしのり）　東京大学大学院数理科学研究科准教授

原　隆（はら・たかし）　津田塾大学学芸学部准教授

砂田利一（すなだ・としかず）　明治大学・東北大学名誉教授

数学者《すうがくしゃ》の選《えら》ぶ「とっておきの数学《すうがく》」

2023年9月15日　第1版第1刷発行

編者 ―――― 数学《すうがく》セミナー編集部《へんしゅうぶ》

発行所 ―――― 株式会社　日本評論社
〒170-8474　東京都豊島区南大塚3-12-4
電話　(03) 3987-8621［販売］
　　　(03) 3987-8599［編集］

印刷所 ―――― 株式会社　精興社

製本所 ―――― 株式会社　難波製本

装丁 ―――― 山田信也（ヤマダデザイン室）

ISBN 978-4-535-79002-5